环境艺术设计概论（第二版）

全国高等院校设计学学科系列教材

Introduction
to Environment Art and Design

王烨 王卓 董静 杨玲 编著

中国电力出版社
CHINA ELECTRIC POWER PRESS

内容提要

环境艺术设计概论为高等院校环境艺术设计专业的专业入门课程。对所用教材进行更新与完善，以适应当下教学需求是本书第二版的目的所在。第二版修订中保持了第一版"理论与实践相结合，用形象的语言诠释抽象理论"的编写特色，修订中重点更新了部分案例，并补充了大量创新性强、时代感强的新图片，以使本书内容更为丰富。全书分为6章：环境艺术设计概述、环境艺术设计的理论基础与原则、室内环境设计、景观设计、环境设施设计、环境艺术设计的程序与方法，从基本概念、设计领域、设计元素和设计方法等多方面对环境艺术设计进行了全面论述。本书可以作为高等院校环境艺术设计及相关专业的专业基础课教材，也适合广大设计爱好者自学使用。

图书在版编目（CIP）数据

环境艺术设计概论／王烨等编著．—2版．—北京：中国电力出版社，2015.1（2022.8重印）
全国高等院校设计学学科系列教材
ISBN 978−7−5123−6532−2

Ⅰ．①环⋯ Ⅱ．①王⋯ Ⅲ．①环境设计－高等学校－教材
Ⅳ．①TU−856

中国版本图书馆CIP数据核字（2014）第226186号

中国电力出版社出版发行
北京市东城区北京站西街19号　　100005　　http：//www.cepp.sgcc.com.cn
责任编辑：王　倩（010-63412607）
责任印制：杨晓东　　责任校对：常燕昆
北京华联印刷有限公司印刷·各地新华书店经售
2015年1月第2版·2022年8月第16次印刷
889mm×1194mm　1/16·13印张·407千字
定价：59.00元

《全国高等院校设计学学科系列教材》编写工作委员会

序

　　20 世纪初，我国开始引进西方现代设计。现代意义上的设计是个大概念，它涵盖建筑、园林、广告、包装、服装、展示、产品、影像、多媒体等广泛的设计领域。虽然开始人们并没有使用"设计"或"艺术设计"这些术语，然而长期以来，设计的实践一直在持续发展。

　　为什么是"引进"呢？就设计领域之一的环境艺术设计而论，中国建筑设计史上，早在秦汉时期就形成了第一次高潮，秦始皇筑长城、修驰道、开灵渠、建阿房宫和骊山陵等。中国建筑到了汉代已发展成完备体系，进一步营建宫殿、苑囿，如著名的长乐宫、未央宫、乐游苑、宜春苑等数不胜数。就城市规划而论，汉都长安城当时的面积大约是公元 4 世纪时罗马城面积的两倍半。中国古代建筑的成熟期是隋唐时代，从那时起，就已采用图纸和模型相结合的建筑设计方法，工匠李春设计修建的赵州桥便是世界最早的敞肩券大石桥，反映了当时桥梁建筑的最高水平。唐代的宫殿建筑更是气势雄伟、富丽堂皇，唐都长安大明宫的遗址范围相当于北京故宫面积的三倍多，大明宫中的麟德殿面积是故宫太和殿的三倍。当时地处东瀛的日本国，曾派大批留学生来中国学习，飞鸟、奈良时代遗留下来的木结构建筑—奈良室生寺的五重塔就是见证。

　　然而，中国在相当长时间内把艺术设计仅仅局限在"工艺美术""工艺装饰""民间工艺"和"美工"这样一个范围内，甚至在"艺术"的眼光下，设计是一门"匠气""俗气"的"手艺"。直至改革开放后，现代艺术设计才提到日程上来。所以，始于 20 世纪初的所谓引进实为重归故里。20 世纪 80 年代始，我国许多工科与艺术院校陆续创办了"工业设计"专业学科；20世纪 90 年代又纷纷更名为"艺术设计"专业，特别是进入 21 世纪以来，形势发生了根本性的变化，艺术设计迅速融入了全球信息化和网络化的轨道。

　　时至今日，艺术设计的表现形式变得更加丰富，涵盖内容也更加广泛。不但其自身越来越成熟，而且逐渐成为商业文化、流行文化最具前瞻性的领域之一。在信息网络时代，多种媒体的信息传达更加迅速、频繁和大众化，而作为这些范畴所载负的艺术设计，也随之不断扩充中整合，其文化信息的推广不再是单纯的有关功能和作用的诠释或诉求，在一定程度上更是时尚语言与审美意义的需求，进一步促进了艺术表现形式更独特的表现力，以满足"图文时代"大众的视觉需求。

　　为满足这种图文需求，满足高等艺术设计教学的需求，我们组织编写了这套规划教材。当然，目前艺术设计类教材种类繁多，但大量教材并不能切实地满足教学需要。这套教材有针对性地从课堂教学实际出发，在"厚基础、宽口径"的前提下，对设计原理与元素、结构与形式进行优化，对内容与方法进行整合，强调了技能性、应用性和针对性特点。

　　切望这套教材能得到同行与广大读者的批评指正。

　　是为序。

中央美术学院教授、博士生导师
《美术研究》《世界美术》主编

邵大箴

第二版序

《全国高等院校艺术设计教材》自 2008 年 8 月首版以来已有 5 年多的时间，中国电力出版社先后出版了《设计素描》《设计色彩》《设计构成》《环境艺术设计效果图表现技法》《环境艺术设计概论》《室内设计原理》《设计透视》《展示设计》8 种教材。几年来，每种教材印刷次数均在 5、6 次以上，发行量均达万余册。2013 年，《实体模型制作与应用》等数种新书陆续出版，使这套规划教材的影响力越来越大，受到了全国各地艺术与设计院校专业师生、图书馆或资料室，以及社会同仁的好评和青睐，选用量也日益增加。许多院校还将此套教材作为考研、专业考评、培训等方面的指定用书，与此同时，在毕业设计、论文撰写中，本套教材的许多内容也被多次转载、选用。根据各地院校、师生在教材选用中的实际情况反馈，以及为使本套教材的内容更新颖、更精炼、更适合教学实际需要，再版中作出了如下修订：

1. 修改后将使知识结构更为科学、合理、完善，更适合"应用型设计专业"的教学使用。

2. 全套教材除经典性、历史性、代表性强的插图难以变动外，对书中三分之二的图片和案例做了更新，所选图片与案例均是从国内外最新资料或各地院校师生优秀范作中选取的（所选作品、图片有署名的已标明作者，佚名者，因一时无法查找，在此致歉）。

3. 本套教材各册文字理论的修订内容达三分之一左右，基本保持原书原貌，对理论晦涩、内容冗长、重复叙述、观念滞后之处，进行了删改、提炼、合并与凝练，同时个别册也在有关章节增加了一些新内容。

"设计学"一词是 20 世纪初从西方设计中引入的。虽然那时没有直接用"设计"的术语，但长期以来我国一直延续着实际意义上的"设计"。为适应现代设计的发展需要，20 世纪 80 年代开始我国许多工科院校陆续创办了"工业设计"专业；1987 年，中国工业设计协会成立；1998 年教育部颁布了普通高校专业目录，把这门学科定名为"艺术设计学"，根据当时本科专业设置规范，各院校的工艺美术、工业设计专业又更名为"艺术设计"专业。21 世纪以来，艺术设计不断细分，影视动漫专业、数字媒体等专业应运而生。2011 年，国务院学位委员会公布"艺术"从"文学"中分离，提升为门类学科，2012 年教育部重新颁布了新版本科专业目录，在"艺术"门类中设一级学科"设计学"，设计学学科下设：艺术设计学、视觉传达设计、环境设计、产品设计、服装与服饰设计、工艺美术设计、数字媒体艺术设计 7 个本科专业。一年来，各地院校根据新规范对学科专业设置进行了相应疏理。据此，"艺术设计"已难以囊括现有设计学所有专业，考虑到学科专业名称的统一性，本套教材再版更名为"全国高等院校设计学学科系列教材"，特此说明。

当然，由于历史的原因，对设计学科的立体研究还尚在逐步规范之中，特别是对于横跨自然科学与社会科学间的鸿沟，还有待于不断填平。在许多情况下，仍然需要加强对艺术与科学技术、与信息技术及其成果的研究，以此充实设计学学科专业，不断构建与完善学科目标。

本套教材的修订再版，仍然保持原套教材内容的广泛应用性、可选择性优势，深入浅出地介绍各专业课程的基本理论、系统的训练方法及目标要求。从教师教、学生学、专业性需求出发，依据学制、学时、岗位方向，遵循设计学的基本规律，关注学生就业中普遍出现的专业反串现象，加强应用型设计人才培养的特色内容。在本套教材再版及新增教材的加入后，将更多地接受全国各地艺术院校师生及社会广大读者的批评指正。

2013 年 12 月于上海

第二版前言

本书第一版自 2008 年 10 月出版以来，承蒙全国广大院校设计学专业教师与学生们的厚爱，截至今年已经多次连续印刷，总印数近万册。2011 年本书还荣获了上海市普通高校优秀教材奖二等奖。

近年来，随着国内外环境设计专业理论与实践的不断发展，"环境艺术设计概论"作为该专业入门课程，其教材的适时更新与不断完善也势在必行。本次修订保持了第一版"理论与实践相结合，用形象的语言诠释抽象的理论"的编写特色，对全书的内容和体例未做大的调整，而将修订重点放在对书中案例和图片的更新和充实上。案例与图片的选择力求兼顾典型性与多样性，同时相比第一版更突出案例的时效性，力图展现专业发展的最新成果。图片说明文字力求分析到位、简明扼要，便于读者更好地理解案例的设计特点和独到之处，进一步提高了教材的可读性。

本书第一章、第二章第二、三节、第三章第一节、第四章、第五章由王烨修订，第二章第一节和第三章第二节由董静修订，第六章由王卓修订，全书由王烨修改和统稿。

在本书的修订过程中，得到了中国电力出版社王倩编辑的热心帮助，在此深表感谢。

由于本书涉及内容广泛，作者水平有限，书中疏漏和偏颇之处恐难避免，恳请同行专家和广大读者批评指正。

王烨

2014 年 6 月于上海

目 录

序

第二版前言

第一章
环境艺术设计概述

"环境"是人类行为和文明的承载空间，与人类的生存与发展有着密不可分的关系。自远古时代开始，人类从未停止过对理想栖居环境的追求。从气势磅礴的凡尔赛花园到"虽由人作，宛自天开"的江南园林，从被泰戈尔誉为"时光面颊上的一颗泪珠"的泰姬陵到拿破仑眼中"欧洲最美丽的客厅"圣马克广场，世界各地的人们在栖居环境的营造中倾注了无尽的热情与心血，挥洒了无限的想象与创造。环境艺术中承载了人类的文化，浓缩了人类的历史，随时光流逝积淀成人类最宝贵的财富。然而，在对自然环境的改造与利用的过程中我们也逐步意识到：环境既是开放包容的，也是敏感脆弱的。面对生态危机、气候异常、资源枯竭、自然环境恶化，我们必须以更加理智严谨的态度审视我们所处的环境和我们对环境所做的一切。当人类进入新的世纪，学会与自然和谐相处，走可持续发展的道路时，创造一个优美宜人、具有深厚文化底蕴的生存环境，已成为 21 世纪全球范围内人类活动的共同主题。

第一节　环境艺术设计的产生与发展

尽管环境艺术设计是在 20 世纪 60 年代才逐渐形成的一门新兴学科，但环境艺术的产生和发展却一直伴随着人类发展的脚步，一部人类进化史，可以说就是人类用自己的力量构造理想的生存环境的历史。

在生产力十分低下的远古时代，人类的生存环境相当严酷，自然界的各种恶劣气候、毒虫猛兽和人类自身的疾病瘟疫等都对人类的生存构成威胁。在这种情况下，人们意识到人类的生存面临的最大问题是如何创造一个使自己安全的环境。虽然当时人类尚没有大规模改造环境的能力，但已懂得有意识地选择和适应自然环境。正如《诗经》中所描绘的那样："既溥乃长，既景乃冈。相其阴阳，度其流泉"，"秩秩斯干，幽幽南山。如竹苞矣，如松茂矣。西南其户，爰居爰处。"诗中体现了当时人们初步形成的环境观：理想环境是地势高亢，背山面水，松竹成林，阳光灿烂的地方。

从原始社会的穴居、巢居到构建现代城市居住环境，人类在几千年的时间里始终追求着物质与精神和谐的境界。西班牙和法国原始洞穴里精美的岩画和英格兰史前巨大石环遗址都在向我们展示着原始居民对形式美的感知和美化居住环境的朦胧意识（图 1-1 和图 1-2）。

在中国，我们的祖先很早便认识到环境对心灵的陶冶，黄帝时便出现了玄圃；夏商时期，有了灵囿、灵沼、灵台；春秋战国时期，有了郑之原圃、秦之具圃、吴之梧桐园、姑苏台；秦汉时期出现了阿房宫、上林苑、未央宫；自三国两晋到明清期间，古典园林设计得到了充分的发展，并最终形成了再现自然山水式的园林风格，以明清北京的圆明园和颐和园为代表的皇家园林和以苏州园林为代表的江南私家园林将中国古典造园水平推向了顶峰。这种自然山水式的园林风格对17、18 世纪英国等欧洲国家的造园艺术也产生了一定的影响（图 1-3）。而中国古典建筑在世界建筑史上也占有十分重要的地位，以其稳定的形态绵延数千年并影响了东亚各国建筑的发展。层层递进的院落式布局、巧妙的框架式木结构、灵活自由的室内空间、"如鸟斯革，如翚斯飞"的

图 1-1　游泳的鹿，法国拉斯科洞窟壁画，距今约 15000 年

图 1-2　史前巨石群，英国索米兹伯里地区

图1-3 建于18世纪的英国叩园中的中国塔,起到了造山的作用,登塔眺望,全园景色尽收眼底

图1-4 中国古典建筑的大屋顶和屋檐下的斗拱

图1-5 贵州黎平侗寨,顺山势等高线呈台阶式布局,每村皆在要冲处建多层檐的鼓楼,成为侗寨的标志

大屋顶以及丰富多彩的装饰细部,赋予官式建筑雄伟壮丽、气势恢弘的风格(图1-4)。同时地域环境的差异和民族文化的差异与当地的建筑结构形式相融,产生了穿斗、井干、碉楼、干阑、生土、帐篷等千姿百态的民居建筑(图1-5)。北国的淳厚,江南的秀丽,蜀中的朴雅,塞外的雄浑,雪域的静谧,云贵高原的绚丽多姿,无一不展示了中华民族独具地域特色的环境艺术。

与此同时,世界其他古文明发源地也在不断创造着各具特色的环境艺术。美索不达米亚的亚述帝国很早就产生了狩猎苑圃;古埃及人的住宅和花园已达到了相当高的水平(神庙、陵墓和纪念碑已趋成熟)。公元前6世纪,尼布甲尼撒二世因他妻子谢米拉密得出生于伊朗而习惯于丛林生活,在新巴比伦城下令建成了"空中花园",被认为是世界上最古老的屋顶花园(图1-6);波斯人在平坦的沙漠里按伊甸园的型制——一块围合起来的方形平面来区别充满危险与凌乱的外部世界,再用象征天国四条河流的水渠穿越花园,将水运至东南西北,并将园林隔离成四块(图1-7);古希腊人受巴比伦的影响,帕提农神庙以空间秩序的意识去寻求比例、安全和平和,园林是几何式的,中央有水池、雕塑,栽植花卉,四周环以柱廊,这种园林形式为以后的柱廊式园林的发展打下了基础,开创了一个理性与思考的境界(图1-8);古罗马的园林设计在奥古斯都时代以后达到了高峰,罗马富翁小普林尼给后人留下了有着特殊价值的细节描绘:人行林荫道、海景、乡村景观、联结住宅与花园并饰有浪漫墙画的荫凉柱廊、雕塑、修剪植物、盆栽、水景和石洞等(图1-9)。

图1-6 新巴比伦城的"空中花园"复原想象图，屋顶上种植了当地植物，设置了喷泉

图1-7 制于地毯上的波斯庭院，如实反映了波斯造园的特征

图1-8 维提列柱围廊式庭院

图1-9 古罗马哈德里安庄园，园中有一系列带有柱廊的建筑围绕着的庭院，水是造园的重要要素

　　中世纪时欧洲的城市环境特点带有浓厚的宗教氛围，巍峨的城堡、蜿蜒的街巷、直插云霄的哥特式教堂的尖顶成为这一时期城镇环境的标志（图1-10）。这一时期欧洲没有大规模的园林建造活动，花园只能在城堡或教堂周围及修道院庭院中，难以得到维持（图1-11）。在文艺复兴时期，人们开始关注人与自然的结合，在设计表达上注重内外空间的联系，以利于观赏郊外的美丽风光。文艺复兴时期的设计师们试图满足人们对于秩序、静谧与启迪的渴望，在环境设计中，要求表现出人的尊严和价值，环境设计中的艺术作品（如壁画、雕塑等）都追求歌颂人的智慧和力量，赞美人性的完美与崇高。文艺复兴时期的人们追求完美，尤其关注数学比例的内在含义，

图1-10 哥特式教堂在中世纪城市空间中占绝对的统治地位

图1-11 位于罗马的中世纪庭院圣保罗巴西利卡

图1-12 意大利文艺复兴花园加贝阿伊阿，在中轴线及其两侧布置了绿篱花坛、喷泉水池等，尺度宜人

古希腊人建立的数学、音乐与人体比例的关系在当时被认为是对外在世界的内在规律的揭示（图1-12）。

16世纪下半叶，巴洛克风格开始盛行。巴洛克建筑和艺术鲜明的特点体现在：炫耀财富，追求新奇，打破了建筑、雕刻和绘画的界限，使它们互相渗透。不顾建筑的结构逻辑，用非理性的组合来求得反常的效果。巴洛克建筑和园林多用自由曲线，追求戏剧性和透视效果，给人以强烈的动感（图1-13）；在城市空间设计方面，米开朗基罗设计的卡比多广场（图1-14），开创了巴洛克城市空间的先河。建筑师桑蒂斯于1721—1725年设计的西班牙大阶梯，阶梯平面呈花瓶形，布局时分时合，巧妙地把两个不同标高、轴线不一的广场统一起来，表现出巴洛克灵活自由的设计手法（图1-15）。

17世纪法国古典主义时期的建筑与环境设计手法都充分体现帝国的尊严和君主的荣耀，强调合理性、逻辑性，强调构图中的主从关系，突出轴线，讲求对称。宏伟的凡尔赛花园是这一时期环境艺术的集中体现（图1-16）。在整个18世纪，无论是法国还是意大利，几何式通用规则对景园设计的风格有着决定性的影响。当时，几乎所有的城市广场都和由修剪植物围抱形成的开放空间及林荫道相连接。

18世纪下半叶以来，欧美开始兴建完全对市民开放的城市公园，形成了真正面向大众的城市公共环境。较早的实例有慕尼黑的英国园（图1-17）、纽约的中央公园。城市公园的思想是崭新的，但园林风格上仍继承了自然风景园的传统，不过也不回避几何式园林。19世纪，一大批艺术家在绘画、雕塑、建筑领域创造出具有时代精神的艺术形式，掀起一个又一个艺术运动，工艺美术运动和新艺术运动正是其中重要的一部分。前者提倡良好的功能设计，推崇自然主义和东方艺术，提倡艺术化手工业产品，反对机械化生产（图1-18）；后者兴起于欧洲大陆，自身没有一个统一的风格，在各国有不同的表现和名称，但目的都是希望通过装饰手段来创造一种新的设计风格，主要表现在追求自然曲线和追求直线几何两种形式（图1-19）。

从20世纪60年代起，生态环境恶化等问题受到广泛关注，人们由"生存意识"进展到"环境意识"，开始领悟恩格斯曾警告过我们的那句话："不要过分陶醉于我们对自然界的胜利，对于每一次这样的胜利，自然界都报复了我们。"人们寄希望于通过"设计"来改造景观与环境。环境艺术设计作为一门新兴学科便随着经济、文化、社会的发展以及人们对自身生存环境的迫切需求产生了。

现代意义上的环境艺术设计的内涵已十分广泛：从大地生态规划到区域景观规划；从国土生态保护到国家公园

建设；从城市绿地系统到城市广场、步行街规划；从城市主题公园到住区花园建设；从局部环境建设到景观小品、雕塑设计；从私家庭院到建筑室内设计等。环境艺术设计的最终目的是要对整个国土环境负责，设计对象变为所有土地。美国环境设计理论家理查德·道泊尔在其编著的环境设计丛书中有生动的描述："我认为：'环境设计'，它作为一种艺术，比建筑艺术更巨大，比规划更广泛，比工程更富有感情。"

图1-13 意大利巴洛克花园加佐尼

图1-14 罗马卡比多广场，梯形广场中心的铺地图案呈放射形

图1-15 罗马西班牙大阶梯

图1-16 凡尔赛花园的主轴线景观

图1-17 1804年斯开尔设计的欧洲大陆最早的公园——慕尼黑"英国园"

图 1-18　工艺美术运动风格的花园充满了乡间的浪漫情调，强调自然材料的运用，满足植物的生长习性

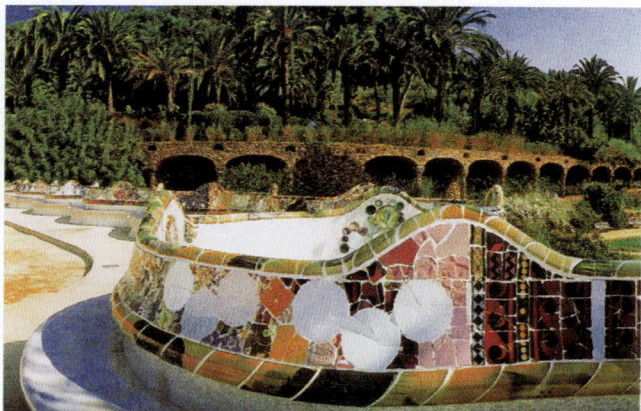

图 1-19　高迪设计的巴塞罗那居尔公园在新艺术运动中独树一帜，建筑、雕塑和大自然融为一体，围墙、长凳、柱廊和马赛克镶嵌装饰表现出鲜明的个性

第二节　环境艺术设计的概念

一、什么是环境

环境是一个极其广泛的概念，它不能孤立地存在，总是相对于某一中心（主体）而言。环境研究的范畴涉及艺术和科学两大领域，并借助于自然科学、人文科学的各种成果而得以发展。从宏观层面上我们可以按照环境的规模以及与我们生活关系的远近，将环境分为聚落环境、地理环境、地质环境和宇宙环境四个层次。其中，聚落环境——城市环境和村落环境作为人类聚居的场所和活动中心，与我们生活和工作的关系最直接、最密切，也是环境艺术设计的主要研究对象。

聚落环境是包括原生的自然环境、次生的人工环境及特定的人文社会环境的总体环境系统。

1. 自然环境

这里的自然环境是指以人类自身为中心的、自然界尚未被人类开发的领域，也就是我们常说的地球生物圈。它是由山脉、平原、草原、森林、水域、水滨等自然形式，风、雨、霜、雪、雾、阳光等自然现象以及地球上存在的全部生物所共同构成的系统。自然环境是人类社会赖以生存和发展的基础，对人类有着巨大的经济价值、生态价值以及科学、艺术、历史、游览、观赏等方面的价值。对自然环境的认识因东西方文化背景差异而不同。受基督教文化的上帝创世说的教化影响，欧洲古典文化中，自然作为人类的对立面出现在矛盾关系中。而在中国的古代文明中，自然原是自然而然的意思，包含着"自"与"然"两个部分，即包含着人类自身以及周围世界的物质本体部分。中国古代两大主流哲学派别——儒家和道家都主张"天人合一"的思想，自然被看作是有生命的。唐代的《宅经》中对住宅与周边环境的关系有这样的描述："以形势为身体，以泉水为血脉，以土地为皮肉，以草木为毛发，以屋舍为衣服，以门户为冠带，若得如斯，是事严雅，乃为上吉。"这种追求人与自然和谐关系的自然观对今天的环境设计仍然有着重要的指导意义。

2. 人工环境

人工环境是指经过人为改造过的自然环境，如耕田、风景区、自然保护区等，或经人工设计和建造的建筑物、构筑物、景观及各类环境设施等适合人类自身生活的环境。建筑物包括工业建筑、居住建筑、办公建筑、商业建筑、教育建筑、文化娱乐建筑、观演建筑、医疗建筑等多种类型；构筑物包括道路、桥梁、堤坝、塔等；景观包括公园、滨水区、广场、街道、住宅小区环境、庭院等；环境设施则包括环境艺术品和公共服务设施。人工环境是人类文明发展的产物，也是人与自然环境之间辩证关系的见证。

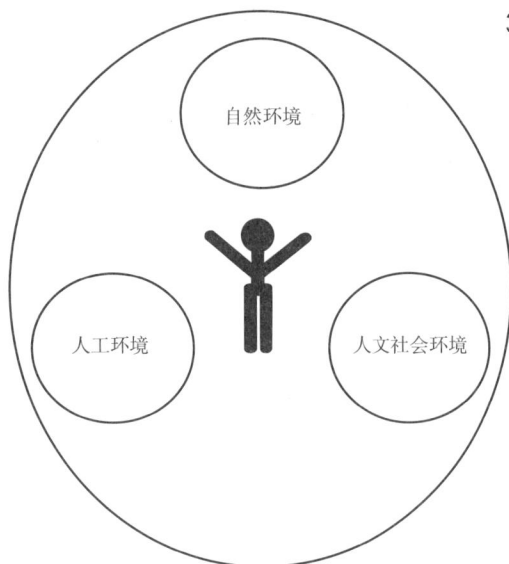

图1-20 以人为主体的环境系统

3. 人文社会环境

人文社会环境是指由人类社会的政治、经济、宗教、哲学等因素形成的文化与精神环境。在人类社会漫长的历史进程中，由于不同的自然环境和地域特征的作用，形成了不同的生活方式和风俗习惯，造就出不同的民族及其文化。而特定的人文社会环境反过来亦影响着人与自然的关系，影响着该地域人工环境的形式和风格。正如马克思所指出的："人创造环境，同样环境也创造人"。

由此可见，自然环境是人类生存发展的基础，创建理想的人工环境是人类自身发展的动力，我们所生存的聚落环境既非单纯的自然环境，也非单一的人工环境或纯粹的人文社会环境，而是这三者综合构成的复杂的、多层面的生态环境系统（图1-20）。只有对环境有全面深刻的认识，才能真正有效地保护环境，合理地利用环境，建设美好的环境。

二、艺术与设计

艺术，是通过塑造形象反映社会生活的一种社会意识形态，属于社会的上层建筑。

设计，源于英语"design"，既是动词，也是名词，包含着设计、规划、策划、思考、创造、标记、构思、描绘、制图、塑造、图样、图案、模式、造型、工艺、装饰等多重含义。从本质上讲，设计就是一种为了使事物井然有序而进行的计划，是一个充满选择的过程。由于设计涵义的宽泛性，在使用时一般要明确其具体范围，从而表达一个完整准确的意思，如环境艺术设计、建筑设计、家具设计、产品设计、软件设计等。

艺术与设计的基础是相同的。两者都具备线条、空间、形状、结构、色彩与纹理等共同的元素，这些元素又通过统一与多样、平衡、节奏、强调、比例与尺度等相同的原则联结起来。艺术中掺杂着设计，而不少设计作品也可以被称为艺术。二者之间的区别在于设计是为了满足某种特定的需要，这种需要可能是某个具体的功能，比如为公园设计无障碍设施；也可能是审美的需要，比如设计具有中国传统装饰风格的起居空间。而艺术则更多地表达艺术家的个人情感，并无特定的目标和受众。如果一个设计作品不能满足其特定功能要求的话，无论其是否具有艺术性，都不能算是一个合格的设计作品。正因为如此，设计可以称作是科学与艺术相结合的产物，其思维具有科学思维与艺术思维的双重特性，是逻辑思维与形象思维整合的结果。

三、环境艺术

（一）环境艺术的概念与本质

"环境艺术"是指以人的主观意识为出发点，建立在自然环境美之外，为人对生活的物质需求和美的精神需要所引导而进行的艺术环境创造。它是人为的，可以存在于自然环境之外，但是又不可能脱离自然环境本体；它必须根植于特定的环境，成为融汇其中与之有机共生的艺术。我们可以从以下几方面来理解环境艺术的本质。

1. 环境艺术是空间的艺术

"空间"在《现代汉语词典》中的解释是：物质存在的一种客观形式，由长度、宽度、高度表现出来。老子在《道德经》的名言"埏埴以为器，当其无，有器之用；凿户牖以为室，当其无，有室之用"阐明了空间的两种重要属性"虚"与"实"的相互关系：陶器的内部空间是其主要功能所在，建造房屋的墙体和屋顶是用来围合适合的建筑内部空间，以满足各种活动的需要。由此可见，空间依赖实体的限定而存在，而实体则赋予空间不同的特征和意义。在我们生活的环境中，小到一座景观雕塑、一个电话亭、一个花坛，大到一栋建筑、一个公园、一片村落甚至一座城市，它们都占据一定的空间并使空间具有一定的风格特征和含义。例如，居室通常由屋顶、墙面和地板等界面围合而成，而这些界面的形态、色彩、材料等则赋予该居室空间特定的环境氛围（图1-21）。因此环境艺术就是关于空间的艺术，它所关注的是如何使我们所居住的空间在满足物质功能的同时，又能满足精神需求和审美需求。

2. 环境艺术是整体的艺术

英国建筑师和城市规划师吉伯德在《市镇设计》中将环境艺术称为"整体的艺术"。我们可以从两个方面来理解"整体"的含义。

一方面，构成环境的诸多元素，如室内环境中的界面、家具、灯具、陈设，室外环境中的建筑物、广场、街道、绿地、雕塑、壁画、广告、灯具、小品、各类公共设施甚至光影、声音、气味等，并不是简单地堆积在一起，而是相互影响，彼此作用。各元素之间、元素与整体之间都有着密切的关系，如材料关系、结构关系、色彩关系、尺度关系等。只有通过一定的艺术设计原则处理好这些关系，将诸元素有机地组合起来，才能构成一个多层次的整体环境（图1-22）。因此环境艺术也被称作"关系的艺术"。

另一方面，环境艺术是一门新兴学科和典型的边缘学科，是技术与艺术的结合，是自然科学与社会科学的结合。吴良镛先生在其论著《广义建筑学》中指出：城市与建筑、绘画、雕刻、工艺美术以至园林之间的相互渗透促使"环境艺术"的形成和发展。环境艺术的内容涵盖了建筑、规划、园林、景观、雕塑等各个领域，涉及城市规划、建筑学、艺术学、园艺学、人体工程学、环境心理学、美学、符号学、文化学、社会学、生态学、地理学、气象学等众多学科。当然环境艺术并不是上述这些专业的总和，而具有极强的综合性。

3. 环境艺术是体验的艺术

环境是我们生活的空间场所，环境艺术不同于绘画等纯观赏艺术，是可以亲身体验的艺术。环境空间中的形、色、光、质感、肌理、声音等各要素之间构成各种空间关系，对身临其境的人们产生视觉、听觉、味觉、嗅觉、触觉等多重刺激，进而激发人的知觉、推理和联想，然后使人们产生情绪感染和情感共鸣，从而满足人们物质、精神、审美等多层次的需求（图1-23）。

4. 环境艺术是动态的艺术

"罗马不是一日建成的"，任何成熟的环境都是经过漫长的时间逐渐形成并且始终在不断变化的。从这个意义上说，环境艺术作品永远都处于"未完成"状态。环境艺术是人类文明的体现，只要人类社会发展，环境的变化就不会停止。每一次文化的进步，技术的发展，都会给环境建设的理念、技术、方法带来新的突破。因此环境艺术是一个动态的、开放的系统，它永远处于发展的状态之中，是动态中平衡的系统（图1-24）。

图1-21 竹子天花、石板地面、竹编家具、白色布艺使长城脚下公社之竹屋的起居室充满自然清新的感觉

图1-22 长城脚下公社之竹屋外景，隈研吾运用竹子与玻璃构建了一座与环境相融合的颇具禅宗意味的别墅建筑

图1-23　安藤忠雄设计的"光的教堂"，光透过圣坛后墙的十字形缝隙射入室内，教徒身在暗处，面对光的十字架，仿佛看到了天堂的光辉

图1-24　德国柏林国会大厦的历史变迁。上：1894年落成国会大厦，穹顶具有新巴洛克风格；中：1964年的国会大厦，穹顶已在1933年被烧毁；下：1999年改造完成的新国会大厦，玻璃穹顶运用了最新的建筑与节能技术并体现了当代建筑审美倾向

环境是人类行为的空间载体，而人及其活动本身就是环境的组成部分，步行街上熙熙攘攘的人群、游乐园里嬉戏的儿童、广场上翩翩起舞的老人、湖畔牵手漫步的情侣，这一切都使环境充满了动感和活力。而同一环境也会随着人们观赏的时间、速度、角度的变化而呈现出多姿多彩的景观。

5. 环境艺术是反映时代特征和地域文化的艺术

环境艺术是时代精神的反映。房龙在《人类的艺术》一书中指出："各种风格，不论建筑也好，音乐也好，绘画也好，都一定代表某一特定时代的思想和生活方式。"时代不同，艺术也就不同。反过来，环境艺术也让我们看到一定历史时期特定的社会生活特征。例如欧洲中世纪是教会力量鼎盛的时期，宗教建筑成为城市中的标志性建筑，教堂内部空间在纵深和垂直向度超尺度的形态、向高空升腾的尖券和束柱以及彩色玻璃窗所营造的神秘光影变化，都充分表现出宗教力量在当时的社会生活中至高无上的地位。

环境艺术的地域文化特征首先体现在它反映了地域的地理环境和气候特点。例如同样是院落式住宅，中国北方民居多采用宽敞的四合院，以获得更多的日照；而南方民居则更多采用天井式住宅，以利于遮阳通风。建筑材料的运用也能体现出地域特征，我国少雨的陕北地区，地形多高差，多黄土层，因此冬暖夏凉的窑洞是良好的居住形式，而西南地区潮湿多雨，利于竹子的生长，傣族竹楼也就应运而生了。其次，环境艺术反映居民的生活方式、宗教信仰、传统习俗和文化观念。我国西北部的蒙古高原上，轻便易携、易拆易装的蒙古包反映了游牧民族逐水草而居的不断迁徙的生活方式。穆斯林聚居区中最高大、精美的建筑一定是清真寺，而教民的住宅也都会围绕清真寺来布局。在北京四合院中，中轴对称、坐北朝南、长幼尊卑的秩序感正是中国传统文化等级观念的集中体现（图1-25）。

综上所述，环境艺术涉及我们生活的方方面面，是在相当广的范围内，积极调动和综合发挥各种艺术和技术手段，使人们生活所处的时空环境不仅能满足人们物质和心理需要，而且具有一定艺术气氛或艺术意境的整体艺术，是回归人们生活的综合艺术。

（二）环境艺术的功能

环境艺术是实用的艺术，为人们提供了安全、舒适、方便、优美的生活环境，其核心是为了满足人们各种环境心理和行为需求。根据人的需求的多层次性和复杂性，我们可以将环境艺术的功能分为物质功能、精神功能和审美功能三个层面。

1. 物质功能

环境的物质功能体现在以下几个方面：首先，环境应满足人的生理需求。经过精心设计的环境空间，其大小、容量应与相应的功能匹配，能为人们提供具有遮风避雨、保温、隔热、采光、照明、通风、防潮等良好物理性能的空间；空间与设施的设计应符合人体工程学原理，满足不同年龄、不同性别人群的坐、立、靠、观、行、聚集等各种行为需求。例如居住区环境中的休憩环境应为儿童提供游戏空间，为成年人提供交谈娱乐的空间，为老年人提供健身交往的活动空间等。而校园中的户外环境应满足师生进行课外学习、散步休息、集会、娱乐、缓解精神压力的需要。其次，环境应满足人们不同层次的心理需求，如对私密性、安

图1-25　千姿百态的中国民居建筑

左上：贵州侗族民居，左中：陕西米脂窑洞，左下：徽州民居，右上：福建永定圆形土楼群，右中：晋中院落式民居，右下：内蒙古蒙古包

全性、领域感的需求。公共环境还应促进人与人的交往。此外，随着人们生活水平的不断提高，对环境的认识水平不断加深，越来越多的人厌倦了城市钢筋水泥的冷漠和单调，厌倦了千篇一律、缺乏文化特色的环境，因此环境艺术也应满足人们回归自然、回归历史、回归高情感的心理需求。

图 1-26　欧洲被害犹太人纪念碑群

2. 精神功能

物质的环境往往借助空间渲染某种气氛，来反映某种精神内涵，给人们情感与精神上带来寄托和某种启迪，尤其是标志性、纪念性、宗教性的空间，最为典型的如中国古代的寺观园林、文人园林，西方的教堂与广场，现代城市中的纪念性广场、公园及城市、商店、学校的标志性空间等。这就是环境艺术的精神功能。在此类环境中主要景观与次要景观的位置尺度、形态组织完全服务于创造反映某种含义、思想的空间气氛，使特定空间具有鲜明的主题。环境艺术可以通过形式上的含义与象征来表达精神内涵，如日本庭园中的"枯山水"，尽管不是真的山水，但人们由它的形象和题名的象征意义可以自然地联想到真实山水。这种处理引起人的情感上的联想与共鸣，有时比起真的山水更为含蓄和具有较为持久的魅力。也可以通过理念上的含义与象征烘托出环境的气氛。例如中国古典园林在植物的应用上，首选的是那些常被赋予人文色彩的植物，如松、竹、梅、兰等。北宋理学家周敦颐说："菊，花之隐逸者也；牡丹，花之富贵者也；莲，花之君子者也。"由此表达园林主人超凡脱俗、清心高雅、修身养性的生活意趣和精神追求。

彼得·埃森曼在欧洲被害犹太人纪念碑群的设计中，将 2711 块混凝土柱子排列在一个斜坡上，形成网格图形。混凝土柱长 2.38 米，宽 0.95 米，高度从 0.2 米到 4.8 米不等，间距 0.95 米。从远处望去，黑灰色的石柱如同一片波涛起伏的石林，让游客不由自主产生一种不稳定的、迷失方向的感觉。徜徉在水泥块之间，踏在同样是波浪般起伏的地面上，无论是向天空望去，还是环顾前后左右，人们感受到的是某种难以言说的被冰冷的灰色挤压的逼仄和一种导致心神不安缠扰不清的气氛，心灵受到极大的震撼（图 1-26）。

3. 审美功能

"对美的感知是一个综合的过程，通过一段时间的感受、理解和思考从而做出某种美学上的判断。"如果说环境艺术的物质功能是满足人们的基本需求，精神功能满足人们较高层次的需求，那么审美功能则满足人们对环境的最高层次的需求。

首先，环境艺术满足人们对形式美的追求。同绘画、雕塑以及建筑一样，环境艺术也是由诸多美感要素——比例、尺度、均衡、对称、节奏、韵律、统一、变化、对比、色彩、质感等建立一套和谐、有机的秩序，并在此秩序中产生一定的视觉中心及变化，从而创造出引人入胜的景观。环境艺术中的意匠美、施工工艺美、材质美、色彩美组成了环境景观美，继而有助于带来人们的行为美、生活美、环境美。

其次，环境艺术可以创造意境美。所谓意境美可理解为一种较高的审美境界，即人对环境的审美关系达到高潮的精神状态。意境一说最早可以追溯到佛经。佛家认为："能知是智，所知是境，智来冥境，得玄即真"。这就是说凭着人的智能，可以悟出佛家最高的境界。所谓境界，和后来所说的意境其实是一个意思。按字面来理解，意即意象，属于主观的范畴；境即景物，属于客观的范畴。一切艺术作品，也包括环境艺术在内，都应当以有无意境或意境的深邃程度来确定其格调的高低。对于意境的追求，在中国古典园林中表现得可谓淋漓尽致。由于中国古典园林是文人造园，与山水画和田园诗相生相长，并同步发展，因此追求诗情画意是造园的最高境界。中国古典园林综合运用一切可以影响人的感官的因素以获得意境美。例如承德离宫中的万壑松风建筑群，拙政园中的留听阁（取意留得残荷听雨声）、听雨轩（取意雨打芭蕉）等，其意境之所寄都与听觉有密切的联系。另外一些景观如留园中的闻木樨香、拙政园中的雪香云蔚等，则是通过味觉来影响人的感官的。此外，春夏秋冬等时令变化，雨雪雾晴等气候变化也成为创造意境的元素。例如离宫中的南山积雪亭就是以观赏雪景最佳，而烟雨楼的妙处则在清烟沸煮、山雨迷蒙之中来欣赏烟波浩渺的山庄景色。中国古典园林还借助匾联的题词来破题，以启发人的联想来加强其感染力。如拙政园西部的与谁同坐轩，仅一几两椅，但却借宋代大诗人苏轼"与谁同坐，明月、清风、我"的佳句抒发出一种高雅的情操与意趣（图1-27）。

环境艺术这三个层面的功能是相互关联，共同作用的。

四、环境艺术设计的定义

从广义上讲，环境艺术设计涵盖了当代几乎所有的艺术与设计，是一个艺术设计的综合系统。从狭义上讲，环境艺术设计主要指以建筑及其内外环境为主体的空间设计。其中，建筑室外环境设计以建筑外部空间形态、绿化、水体、铺装、环境小品与设施等为设计主体，也可称为景观设计；建筑室内环境设计则以室内空间、家具、陈设、照明等为设计主体，也可称为室内设计。这两者是当代环境艺术设计领域发展最迅速的两个分支，也是本书讨论的重点内容。

具体而言，环境艺术设计是指设计者在某一环境场所兴建之前，根据其使用性质、所处背景、相应标准以及人们在物质功能、精神功能、审美功能三个层次上的要求，运用各种艺术手段和技术手段对建造计划、施工过程和使用过程中存在或可能发生的问题，做好全盘考虑，拟定好解决这些问题的办法、方案，并用图纸、模型、文件等形式表达出来的创作过程。

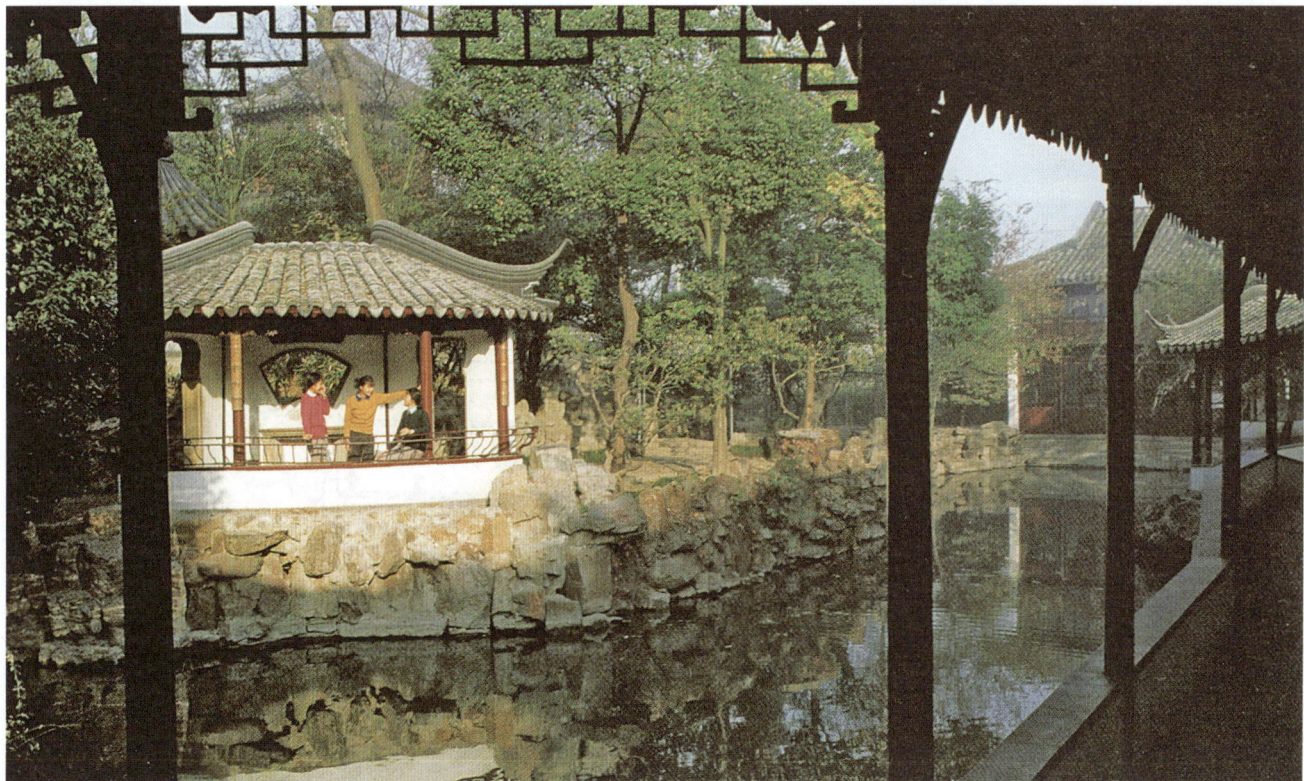

图1-27　苏州拙政园的与谁同坐轩

第三节　环境艺术设计的内涵

环境艺术设计是一门综合学科，具有深刻的内涵，我们可以从以下三个方面来进行分析。

一、环境艺术设计的最高境界是艺术与科学技术的完美结合

环境艺术设计的宗旨是美化人类的生活环境，具有实用性和艺术性双重属性。

实用功能是环境艺术设计的主要目的，也是衡量环境优劣的主要指标。环境艺术的实用性体现在满足使用者多层次的功能需求上，也反映在将想象转变为现实的过程中。为此环境艺术设计必须借助科学技术的力量。科学，包括技术以及由此诞生的材料是设计中的"硬件"，是环境艺术设计得以实施的物质基础。科技的进步，创造了与其相应的日常生活用品及环境，不断改变着人们的生活方式与环境，设计师就成为名副其实地把科学技术日常化、生活化的先锋。例如电脑和互联网的广泛应用不仅缩短了时空的距离，提高了工作效率，也使人们体验到了虚拟空间的无限和神奇，极大地改变了人们的生活和交往模式。而新技术、新材料、新工艺对环境艺术设计的理念、方法、实施也起着举足轻重的作用。例如各种生态节能技术与建筑的结合使生态建筑不再停留在想象和方案阶段上而变为现实（图1-28）。从设计这一大范围来说，设计就是使用一定的科技手段来创造一种理想的生活方式。

环境艺术设计的艺术性与美学密切相关，涵盖了形态美、材质美、构造美及意境美。这些都往往通过"形式"来体现。对形式的考虑主要在于对点、线、面、体、色彩、肌理、质感等各形式元素以及它们之间的关系的推敲，对统一、变化、尺度、比例、重复、平衡、韵律等形式美的原则的把握和运用。环境艺术设计的艺术性还在于它广泛吸收和借鉴了不同艺术门类的艺术语言，其中建筑、绘画、音乐、戏剧等艺术对环境艺术设计的影响尤为突出（图1-29）。

艺术与科技的结合体现在形式与内容的统一、造型与功能的一致上。成功的环境艺术设计都是将艺术性与科学性完美结合的设计。"艺术与科学相连的亲属关系能提高两者的地位：科学能够给美提供主要的根据是科学的光荣；美能够把最高的结构建筑在真理之上是美的光荣。"随着环境声学、光学、心理学、生态学、植物学等学科应用于环境艺术设计之中，以及利用计算机科学、语言学、传播学的知识来对人与环境进行深入研究与分析，相信环境艺术设计会更加深化，其艺术性与科学性会结合得更为完美（图1-30）。

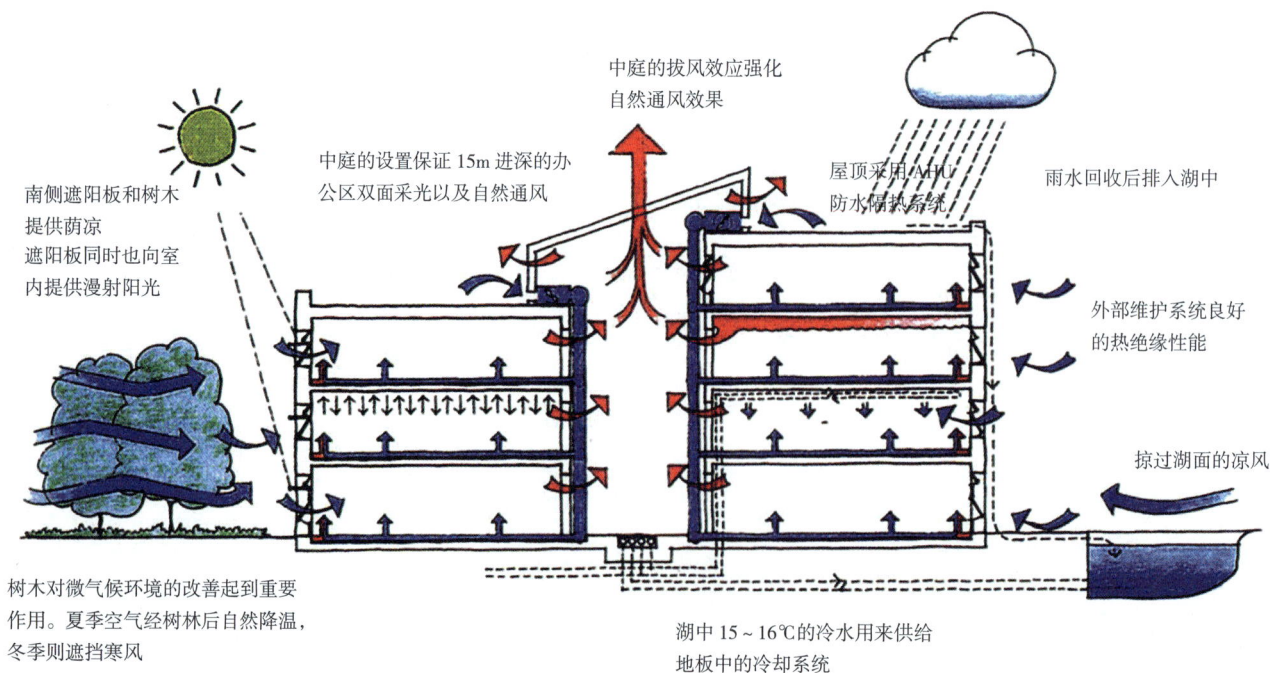

南侧遮阳板和树木提供荫凉遮阳板同时也向室内提供漫射阳光

中庭的设置保证15m进深的办公区双面采光以及自然通风

中庭的拔风效应强化自然通风效果

屋顶采用ARU防水隔热系统

雨水回收后排入湖中

外部维护系统良好的热绝缘性能

掠过湖面的凉风

树木对微气候环境的改善起到重要作用。夏季空气经树林后自然降温，冬季则遮挡寒风

湖中15～16℃的冷水用来供给地板中的冷却系统

图1-28　英国BarclaycardHQ办公楼生态技术图解

图1-29 詹克斯私家花园中波动的地形是大地艺术与景观设计的完美结合

图1-30 巴黎阿拉伯世界文化中心的玻璃幕墙，采用像镜头快门一样的旋转遮阳片，可根据日照强弱调解进光量，同时构成了富有民族传统文化特色的图案效果

二、环境艺术设计的过程是逻辑思维与形象思维有机结合的过程

环境艺术设计是科学与艺术相结合的产物，因此环境艺术设计思维必然是逻辑思维与形象思维的整合。

所谓逻辑思维是一种锁链式的、环环相扣递进式的线性思维方式。它表现为对对象的间接的、概括的认识，用抽象或逻辑的方式进行概括，并采用抽象材料（概念、理论、数字、公式等）进行思维；而形象思维则是非连续的、跳跃的、跨越性的非线性思维方式，主要采用典型化、具象化的方式进行概括，用形象作为思维的基本工具。形象思维是环境艺术设计过程中最常用、最灵便的一种思维方式。

逻辑思维和形象思维在实际操作中往往要共同经历两个阶段：第一个阶段是将理性与感性互融，第二个阶段是通过感性形式表现出来。也就是说，在第一个阶段（接受计划酝酿方案时期），以逻辑思维为主的理性思考及创作思维需要和以形象思维为主的感性思考及创作思维结合，但设计者偏重于理性的指导，建立适当框架，对资料与元素进行全面分析和理解，最终综合、归纳，抽象地或概念性地描述设计对象，使环境艺术作品体现出秩序化、合理化的特征。在第二个阶段（表现方案逐步实施时期），理性和感性的思考及创作思维成果需要通过感性的表达方式体现出来，设计者需要以形象、想象、联想为主要思考方式，抓住逻辑规律，运用形象语言表达构思。

环境艺术设计既具有严谨、理性的一面，又有轻松、活泼、感情丰富的一面，只有把握逻辑思维和抽象思维的特性并灵活运用，将理性和感性共同融会于其中，才能创造出满足人们各种物质与精神需求的环境场所。

三、环境艺术设计的成果是物质与精神的结合

作为人为事物的环境艺术具有物质和精神的双重本质。其物质性首先表现为组成环境的物质因素，包括自然物和人工物。自然物由空气、阳光、风霜雨雪、气候、山脉、河流、土地、植被等组成，人工物（指环境中经过人的改造、加工、制造出来的事物）如建筑物、园林、广场、道路、灯具、休闲设施、小品、雕塑、家具、器皿等。其次，物质性还表现为环境艺术的设计与完成，需通过有形的物质材料与生产技术、工艺，进行物质的改造与生产，设计制作的结果也以物品、场所的形式出现，带有实用性。环境艺术的物质性能体现出一个民族、一个时代的生活方式及科技水准。

组成环境的精神因素通常也称为人文因素，是由于人的精神活动和文化创造而使环境向特定的方向转变或形成特定的风格与特征。这种精神因素贯穿在横向的区域、民族关系和纵向的历史、

时代关系两个坐标之中。从横向上来说，不同地区、不同民族的相异的宗教信仰、伦理道德、风俗习惯、生活方式决定着不同的环境特征；从纵向上来说，同一地区、同一民族在不同历史时代，由于生产力水平、科学技术、社会制度的不同，也必然形成不同的环境特色。精神性能反映出一个民族、一个时代的历史文脉、审美心理和审美风尚等。

人对环境具有物质需求和精神需求，因此环境艺术设计也必须同时考虑这两方面的因素，从而创造出既舒适方便又充满意境的环境空间。

第四节　环境艺术设计的发展趋势

进入 21 世纪，环境艺术设计具有更加广阔的学科视野和研究范围，以整个人居环境为设计的中心，更加注重环境生态、人居质量、艺术风格、历史文脉和地域特色，其发展趋势体现在以下几个方面。

一、不断扩展实践领域，重视细节设计

进入 21 世纪，环境艺术设计的实践领域日益宽广，诸如风景名胜区规划与保护、乡村景观设计、废弃地景观设计、城市水系绿系规划设计、旧建筑的更新改造设计等，都成为环境艺术设计所关注的课题。同时"以人为本"的设计理念也促使环境艺术设计更关注细节的设计。深入研究人在环境中的行为特点和心理需求特点，无障碍设计、光环境、声环境甚至嗅觉环境都成为环境艺术设计的重要内容，环境设计日趋人性化。广告、招牌、橱窗、路牌、灯箱、霓虹灯等都被纳入整体设计中，一方面与空间环境有机结合，互为依托，发挥其审美功能，另一方面这些元素本身所具有的艺术性，对增强环境的识别性、场所性起到重要作用。

二、深入挖掘地域特征，凸显本土文化特色

随着世界科学技术的进步，交通的发达，信息传播的迅速，在世界范围内某些发达地区在不断地输出资金、技术、产品的同时，也在不断传播其所特有的主流文化、美学趣味以至处世之道等，使社会的经济、社会和文化方面的世界性日益增强。有学者认为，这种世界文化的"趋同现象"使"整个的创造性领域遭受压制，社会的个性和独特形态遭到破坏"。乡土文化、地方作风、"回归自然"为更多人所关注。人们开始追求区域特性、地方特性、民族文化，越来越有目的地、自觉地去发展地区文化，包括保留城市内部的"亚文化群"、历史城市及城市中的历史地段的保护、地区特色的追求等。设计师也积极从乡土建筑、乡土环境中寻求创作灵感，将自由构思与民族和地域的历史文化传统、社会民俗、美学特征相互结合，推陈出新。Tjibaou 文化中心坐落在新喀里多尼亚首府城市努美阿的一个半岛上，设计者伦佐·皮阿诺从当地的棚屋受到启发，进而提炼出其中的精华所在——木肋结构。10 个抽象的棚屋组成不同机能的 3 个村落。它们高低不等，最高的有 28m，沿着半岛微曲的轴线一字排开。每一根弯曲的木肋都与一条竖向结构相连，这些竖向结构同时作为围合空间的周边结构，木肋之间用不锈钢构件在水平和对角线方向加以连结，不锈钢与木材交接得天衣无缝。木肋高挑着向上收束，其造型与原始棚屋有着异曲同工之妙（图 1-31 和图 1-32）。

三、关注生态环境保护，走可持续发展之路

20 世纪 70 年代以来，人类的快速发展与全球的环境破坏愈演愈烈。在现实面前，人们不得不重新审视过去奉为信条的发展体系和价值观。1970 年罗马俱乐部米多斯提出"增长的极限(The Limits to Growth)"理论，指出工业化过度发展导致的环境、能源、生态危机，引起人们广泛注意。1984 年成立了世界环境与发展委员会；1987 年委员会主席挪威首相布郎特兰在题为《我们共同的未来》(Our Common Future) 报告中首次提出了可持续发展的概念，并建议召开联

1-31 Tjibaou 文化中心鸟瞰和建筑外观

1-32 Tjibaou 文化中心庭院景观

合国环境与发展大会；1992 年 6 月 3 日联合国在里约热内卢召开了《环境与发展大会》，通过了一系列文件，世界各国普遍接受了"可持续发展战略"。1999 年以"人与自然——迈向 21 世纪"为主题的 UIA 第 20 届大会在北京召开，通过了《北京宪章》，3R 原则（Reduce，Reuse，Recycle）标志着新的环境观深入人心。

可持续发展是指"既满足当代人的要求，又不影响子孙后代的需求能力的发展"，这一观念已渗透到了生态、社会、文化、经济等各个领域。在城市发展和环境建设过程中必须优先考虑生态平衡与可持续发展问题，把它作为与经济、社会发展同等重要的一环。作为环境艺术设计师，应该依照自然生态特点和规律，贯彻整体优先和生态优先的原则，掌握生态学和设计学的一些专业技巧，促进人工环境与自然环境的和谐共存。

可持续发展的核心是人与自然的和谐相处。美国生态建筑学家理查德·瑞杰斯特认为，生态城市是指生态方面健康的城市。它寻求人与自然的健康，并充满活力和持续力。而早在中国古代，"天人合一"的宇宙观促进了建筑与自然的相互协调与融合，并逐步形成了风水理论。风水理论所体现出的阴阳有序的环境观对中国及周边一些国家古代民居、村落和城市的形成与发展产生了深刻影响（图 1-33）。各种聚落的选址、朝向、空间结构及景观构成等，均有着独特的环境意象和深刻的人文含义。风水理论关注人与环境的关系，强调人与自然的和谐，表现出一种将天、地、人三者紧密结合的整体有机思想。这些思想对现代环境艺术设计、建筑学和城市规划，对"回归自然"的新的环境观与文化取向仍有启示（图 1-34）。

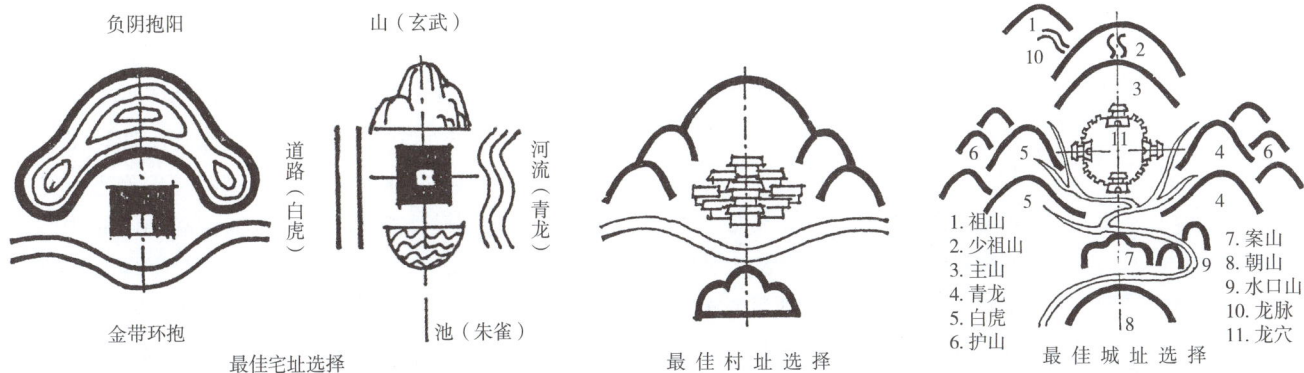

图 1-33 风水观念中宅、村、城的最佳选址

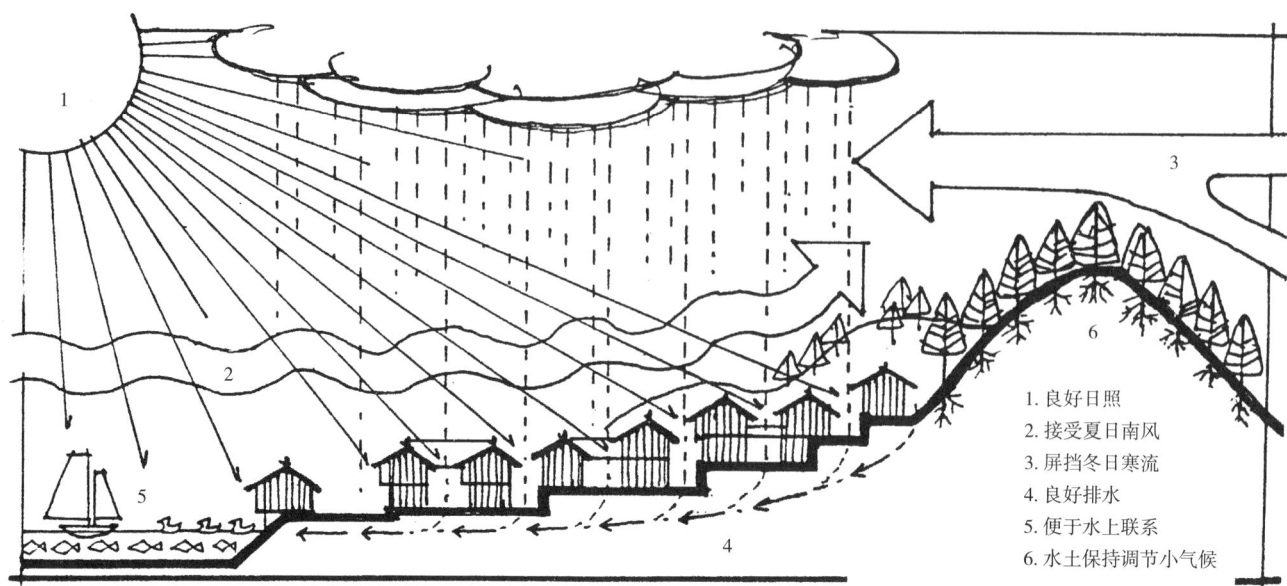

1. 良好日照
2. 接受夏日南风
3. 屏挡冬日寒流
4. 良好排水
5. 便于水上联系
6. 水土保持调节小气候

图1-34　村镇选址与生态关系

　　建立可持续发展的环境艺术体系是一个高度复杂的系统工程。要实现它，不仅需要环境艺术设计师、建筑师和规划师运用可持续发展的设计方法和材料、技术手段，还需要决策者、管理机构、社区组织、业主和使用者都具备深刻的环境意识，节约自然能源，少制造废弃物，自愿保护和改善生态环境，共同参与环境建设的全过程。

第五节　环境艺术设计师应具备的基本素质

　　通过对环境艺术设计学科特点的分析我们可以认识到，环境艺术设计的边缘学科性质及其公众性决定了环境艺术设计师应当是具有崇高的思想道德情操，具备现代设计理论修养和专业设计工作能力的专业人才。作为一名环境艺术设计师应在工作和学习中注重培养和提高自己在以下几个方面的素质。

　　第一，环境艺术设计是一项极具创造性的工作，美国著名设计师普洛斯认为设计人员要具备以下基本素质。

　　1）敏感，关心周围世界，能设身处地为他人考虑，对美学形态及周围文化环境的意义怀有浓厚的兴趣。

　　2）智慧，一种理解、吸收和应用知识为人类服务的天生才能。

　　3）好奇心，驱使他们想搞清楚为什么世界是这样的，而且为什么必须这样。

　　4）创造力，在寻求问题的最佳解决方案时，有一种坚韧的独创精神和丰富的想象力。

　　第二，环境艺术设计是一项专业性极强的工作，作为设计师必须掌握扎实的专业理论知识和熟练的设计技能。专业理论知识包括环境艺术设计史、设计程序与方法、环境心理学、造型学、植物学、材料学、构造学、施工技术等专业理论以及建筑学、城市规划、园艺学、生态学等相关学科的基础知识。设计技能包括综合分析能力、方案设计能力、手绘能力、模型制作能力、计算机辅助设计能力、摄影及文字和口头表达能力等。此外，环境艺术设计还具有很强的实践性，方案最终要落实到实际项目的操作和实施上，因此设计师应充分了解项目从设计到施工的全过程，熟悉招投标法规，精确安排设计流程，能与施工图绘制人员及施工方配合娴熟，关注工程使用后的评价与维护管理问题。

第三，环境艺术设计是一项综合性、系统性极强的工作，需要环境艺术设计师与建筑师、规划师、园艺师、工程师、艺术家等共同完成。环境艺术设计师必须具有把握项目整体方向的能力，要善于组织团队协作，平衡各技术工种之间的矛盾，从而确定最合适的解决方案。环境艺术设计师不是工程师，不是艺术家，也不是市场专家，他存在的意义在于综合工程师、艺术家和市场专家于一身，并且常常在某一特定的时空范围内对他们起指导和协调作用。

第四，环境艺术设计对设计师自身的艺术素养有着极高的要求，作为一名真正的环境艺术设计师，除了具备以上专业理论和设计技能外，还应拥有广泛的学识和丰厚的理论素养，要不断加深哲学、科学、文化、艺术的素养，提高自己的审美情趣和创造能力。虽然环境艺术设计师不必也不可能是相关学科领域的专门人才，也不需具备该学科纵向深入研究的能力，但他必须能够运用这些学科的研究成果，并在横向的多学科联系融合中实现其综合价值。

第五，环境艺术设计还是一项服务性工作，设计师不能像画家、音乐家一样在作品中只表现艺术家的个人情感，为艺术而艺术。对于环境艺术设计而言，业主的意愿、公众的需求才是设计的真正出发点，设计师还必须重视环境艺术对大众审美倾向的引导和对健康生活方式的倡导。因此服务意识和社会责任感是环境艺术设计师必须具备的职业道德。

综上所述，环境艺术设计师应当是集"哲学家的思维，历史学家的渊博，科学家的严格，旅行家的阅历，宗教者的虔诚，诗人的情怀"于一身的具有敬业精神和社会责任感的专业人才。

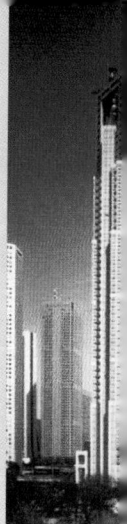

第二章
环境艺术设计的理论基础与原则

第一节 人—行为—环境

人是室内外空间环境系统的主体，美国著名建筑理论家卡斯腾·哈里斯曾指出："大部分时间中，尤其是移动时，我们的身体是感知空间的媒介。"我们总是通过亲身参与各种活动来感知空间，于是人体成了衡量空间的天然标准。而人类本身的复杂性，包括其社会、文化、政治及心理因素都要求环境艺术设计必须"强调人在场所中的体验，强调普通人在普通环境中的活动，强调场所的物理特性、人的活动以及含义的三位一体的整体性"。因此设计师必须掌握人体工程学、环境心理学等方面的知识，深入研究人的生理、心理、行为特点对空间环境的要求并将其作为设计的依据，使环境设计真正做到"以人为本"。

一、人体工程学

人体工程学（Human Engineering）是 20 世纪 40 年代后期跨越不同学科和领域，应用多种学科的原理、方法和数据发展起来的一门新兴的边缘学科。由于其学科内容的综合性、涉及范围的广泛性以及学科侧重点的不同，学科的命名具有多样化的特点。欧洲称之为 Ergonomics，即工效学，Ergonomics 原出自希腊文，"Ergo"即"工作、劳动"，"nomos"即"规律、效果"，也即探讨人们劳动、工作效果、效能的规律性；美国称之为人类因素学（ Human Factors ）、人类工程学（ Human Engineering ）、工程心理学（ Engineering Psychology ）；日本称之为人间工程学；在我国运用的名称有人体工程学、人机工程学、工效学、人类工程学、工程心理学。国际工效学会的会章中把工效学定义为："这门学科是研究人在工作环境中的解剖学、生理学、心理学等诸方面的因素，研究人—机—环境系统中的交互作用着的各组成部分（效率、健康、安全、舒适等）在工作条件下，在家庭中，在休假的环境里，如何达到最优化的问题。"

人体工程学应用到环境艺术设计方面，就是以人为主体，强调从人自身出发，运用人体计测、生理、心理计测等手段和方法，研究人体结构功能与空间环境之间的合理协调关系，以取得最佳的环境使用效能。

（一）人体工程学的基本数据

人体基础数据主要有下列三个方面，即有关人体构造、人体尺度以及人体的动作域等数据。

1. 人体构造

与人体工程学关系最密切的是运动系统中的骨骼、关节和肌肉，这三部分在神经系统的支配下，使人体各部分完成一系列的运动（图 2-1）。如果在设计中不符合人体运动的科学规律，就会对人体造成伤害。

2. 人体尺度

人体尺度包括头、颈部、躯干、四肢等在标准状态下测得的尺度，主要是指人体的静态尺寸。如有身高、坐高、臀部 - 膝盖长度、臀部宽度、膝盖和膝腘高度、臀部 - 膝腘高度等（图 2-2）。以人体尺度的数据为依据，通过研究人体对环境中各种物理、化学因素的反应和适应力，分析不同环境因素对人的生理、心理以及工作效率的影响程度，从而确定人在生活、生产和活动中所处的各种环境的舒适范围和安全限度。人体尺度因国家、地域、民族、生活习惯等的不同而存在较大的差异。例如中国成年男子平均身高为 1670 mm，美国为 1740 mm，而日本则为 1600 mm；同是中国人，在河北、山东、辽宁等身高较高地区男女身高分别为 1690 mm 和 1580 mm，而在四川等身高较低地区则分别只有 1630 mm 和 1530 mm。

3. 人体动作域

人们在室内各种工作和生活活动范围的大小即动作域，它是确定室内空间尺度的重要依据

下颌关节
下颌骨
劲椎
肩胛骨
胸骨角
肩胛骨下角
腰椎
髂嵴
骶骨
胫骨
腓骨
跟骨

颅骨
锁骨
肩关节
肩胛骨
胸骨
肱骨
肘关节
肋弓
尺骨
桡骨
髋关节
腕关节
手骨
股骨
耻骨联合
膝关节
膝盖骨
腓骨
胫骨
踝关节
足骨

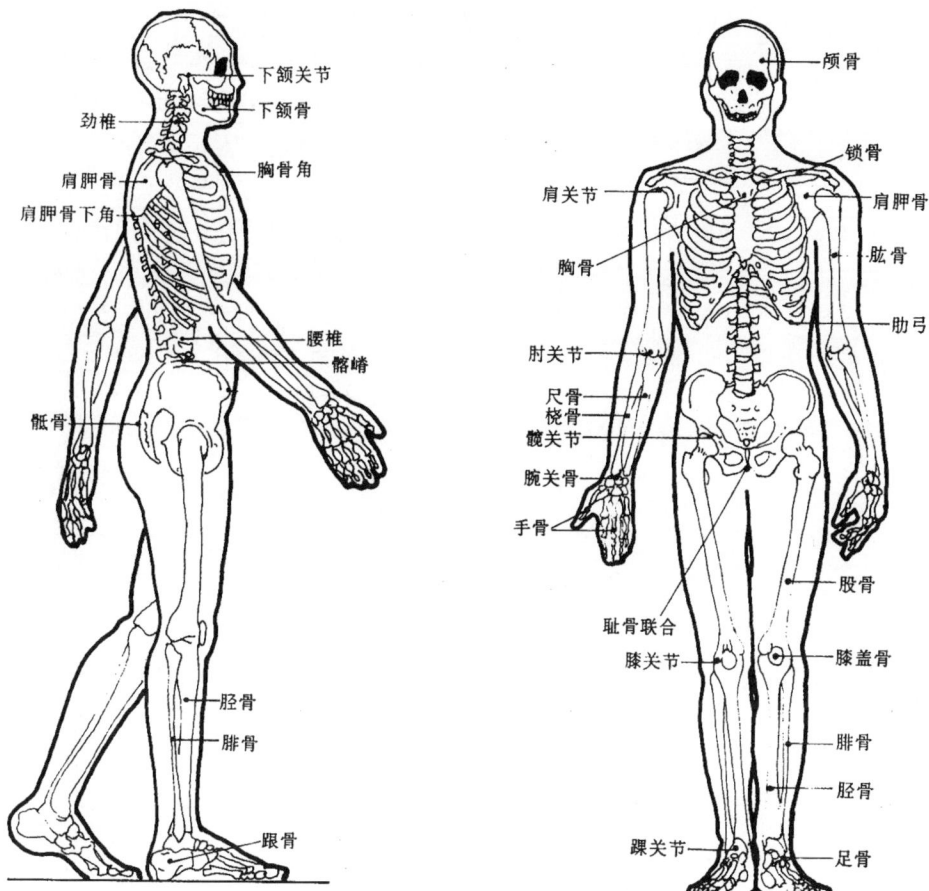

图 2-1　人体全身骨骼

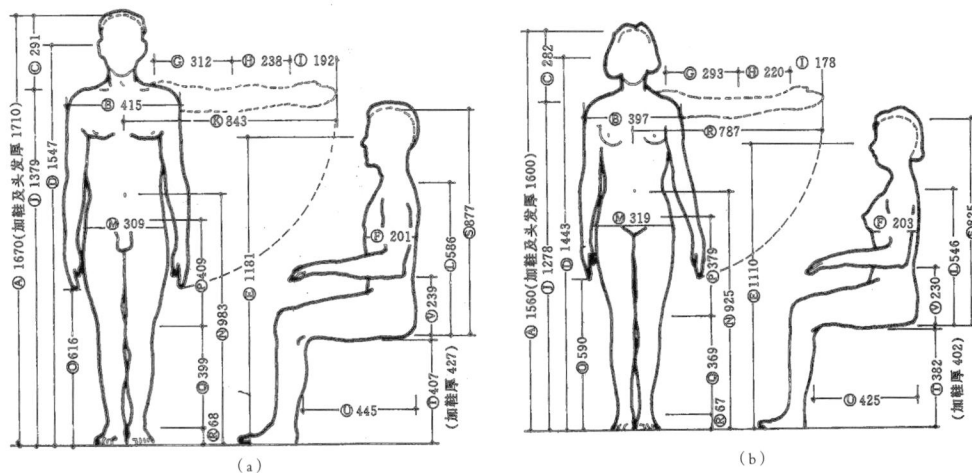

图 2-2　我国成年男女人体尺度图解：（a）男（b）女

因素之一。如果说人体尺度是静态的、相对固定的数据，人体动作域的尺度则为动态的，其动态尺度与活动情景状态有关。

　　在具体设计中，应考虑在不同空间与围护的状态下人们动作和活动的安全以及对大多数人的适宜尺寸，并强调以安全为前提。例如：对门洞高度、楼梯通行净高、栏杆扶手高度等，应取男性人体高度的上限，并适当加以人体动态时的余量进行设计；对踏步高度、上搁板或挂钩高度等，应按女性人体的平均高度进行设计（图 2-3 和图 2-4）。

（二）人体工程学在环境艺术设计中的应用

在环境艺术设计中与人体工程学关系最密切的就是空间的组织与构成，它包括三方面的含义：体积、位置以及方向。"体积"是人体活动的立体范围。在环境艺术设计中要根据环境使用者的人体基础数据决定空间的体积。"位置"是人体活动的"静点"。它取决于个人或群体生活的传统习俗、生活方式及工作习惯等，其关键在于"视觉定位"。例如，中国人和西方人的餐饮文化存在很大差异，因而在就餐环境的设计中座位的布局、间距都会有所不同。"方向"是人体活动的"动线"。这种"线"关系到生理与心理的因素，而且必须符合合理性的要求。如工作桌面应面向光线充足的窗子或灯具，而床则应背向或侧向光源的方向。

虽然人体工程学的概念对设计界已不再陌生，但作为一门新兴的学科，其在室内外环境设计中应用的深度和广度还有待于进一步研究开发。

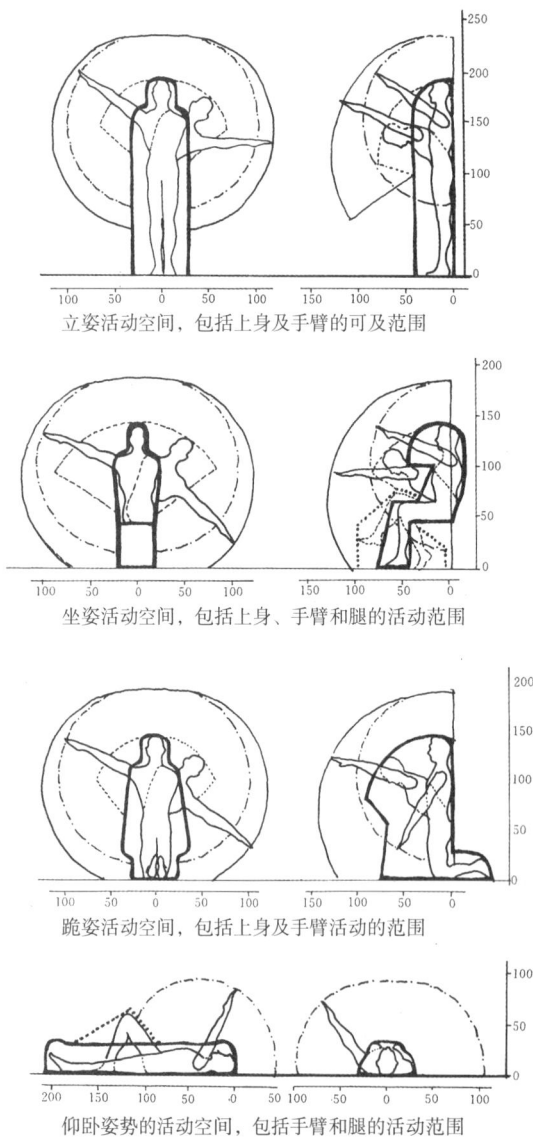

立姿活动空间，包括上身及手臂的可及范围

坐姿活动空间，包括上身、手臂和腿的活动范围

跪姿活动空间，包括上身及手臂活动的范围

仰卧姿势的活动空间，包括手臂和腿的活动范围

图2-3　人体各种姿势的动作域

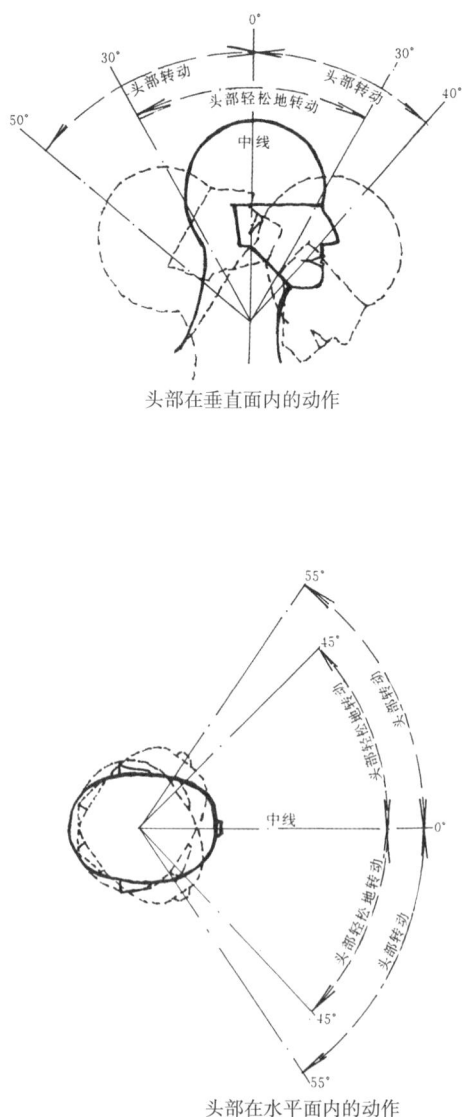

头部在垂直面内的动作

头部在水平面内的动作

图2-4　人体头部动作

1. 确定人在环境中活动所需空间的主要依据

根据人体工程学中的有关计测数据，从人的尺度、动作域、心理空间以及人际交往的空间等可以确定空间的范围（图2-5）。

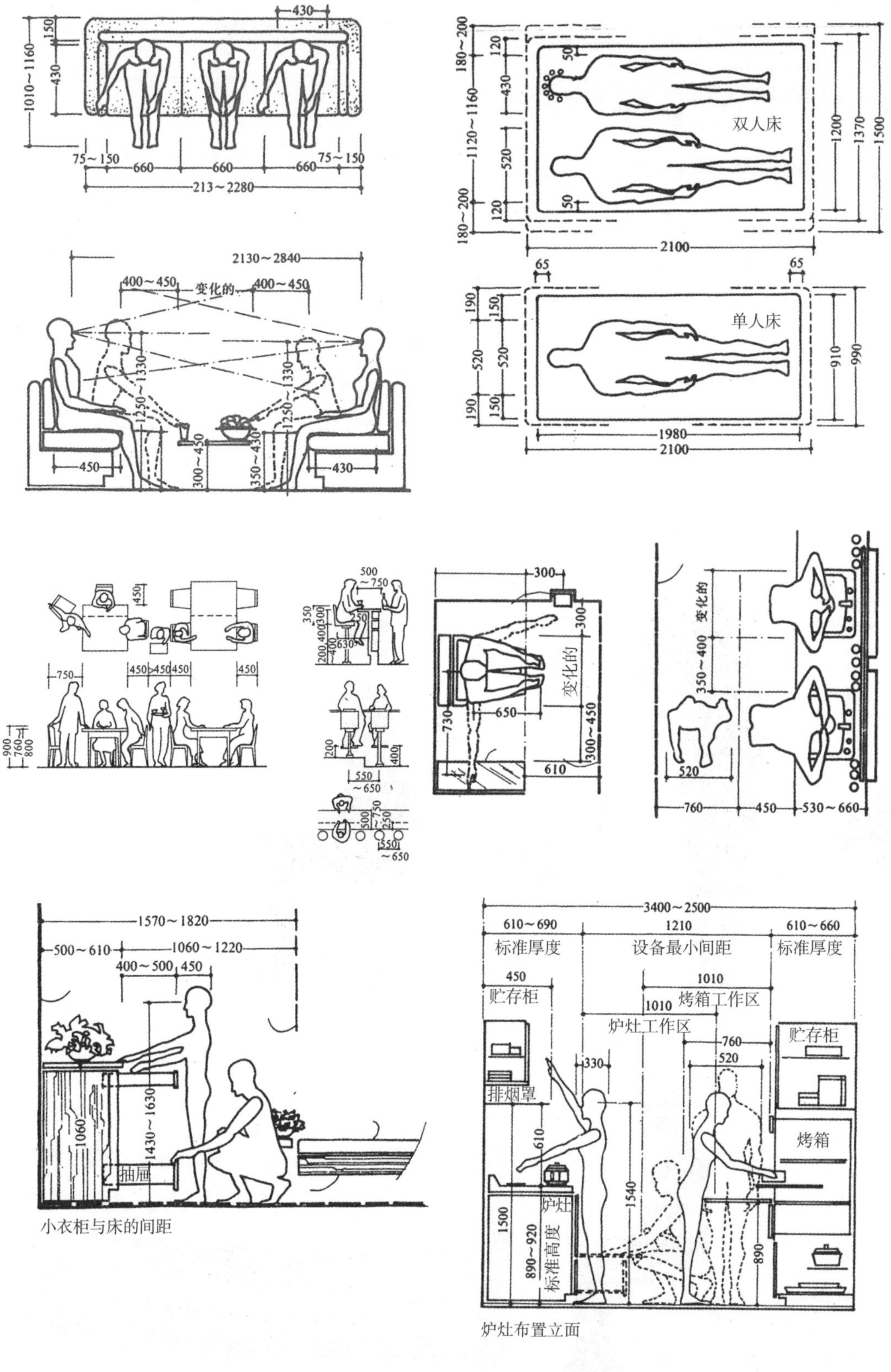

图2-5　人体及活动空间尺寸是室内设计、家具设计的重要依据

2. 确定家具等设施的形态、尺度及其使用范围

家具、设施为人所使用，因此它们的形体、尺度必须以人体尺度为主要依据。同时，人们为了使用这些家具和设施，其周围必须留有活动和使用的最小余地，这些要求都由人体工程学科学地予以解决（图2-6～图2-9）。

门及抽屉 适宜范围	储	物	区	分		区间划分及取物 特征
	衣服类	被褥类	餐具食品	书　籍 办公用品	欣赏品 贵重品	乐器 类	
开门、移门 向上翻门	稀用品	稀用品	保存食品 备用餐具	稀用品	稀用品		第六区间 登高取物
开门 移门	季节用品	旅行用品 备用被褥	季节用品 稀用品	消耗品 库存品	贵重品	稀用品	第四区间 尽力伸手取物
抽屉上极限	帽子	枕头	罐头	中小型 物品	欣赏品		第二区间 手举至肩上方取物
开门 移门 抽屉	常用衣服	睡衣 被褥 袜子等	中小型瓶 类 小调料 筷子 叉子等	中　型 常用书籍	收录 机		
				文具	小型 欣赏品	电视 机 收录 机	第一区间 站姿时手任意取物
开门 移门 抽屉			大瓶类 饮食用具	大尺寸 稀用品 大型书	稀用品 贵重品	磁带 唱片	第三区间 前屈或下蹲取物
							第五区间 下蹲爬下取物
脚							

图2-6　依据人体工程学原则对储物柜进行合理划分，有利于提高空间利用率和取用的方便性

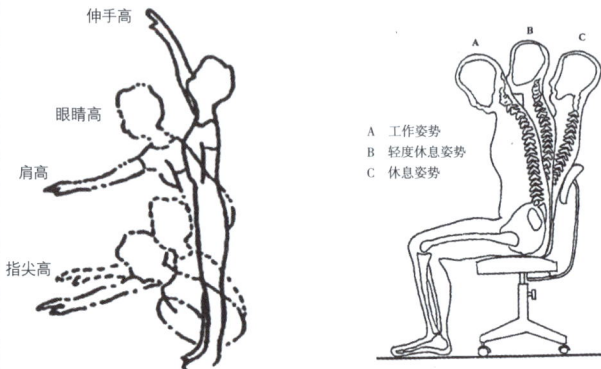

图2-7　人体在不同情况下的姿势变化

图2-8　具有一定调节度的办公座椅

图2-9　可适应不同坐姿的公园座椅

3. 提供适应人体物理环境的最佳参数

有了人体对物理环境包括热环境、声环境、光环境、重力环境、辐射环境等要求的科学参数后，在设计时就有了正确的理论支撑，才能做出正确的决策（表 2-1）。

表 2-1　　　　　　　　　人体活动形式与所需热量

活动形式	所需热量 /J	活动形式	所需热量 /J
睡眠	273	重手工劳动	
躺着休息	294	指尖及手腕	462
坐着休息	336	手及手臂	777
站着休息	420	站着轻微劳动	575
轻手工劳动		女打字员	584
指尖及手腕	357	女售货员	630
手及手臂	567	重体力劳动	1932

4. 对视觉要素的计测可为视觉环境设计提供科学依据

人眼的视力、视野、光觉、色觉是视觉的要素，人体工程学通过计测得到的数据（图 2-10）对室内光照设计、色彩设计、视觉最佳区域等提供了科学的依据，也可以为景观设计提供参考。

例如以人的固定视觉感受而言，不同尺度的形态空间会形成不同的景观意识，这种意识体现在设计上就形成了以不同尺度单位为基础的尺度概念。城市景观设计是以 km 为尺度概念进行的；建筑景观是以 m 为尺度概念进行设计的；室内景观则是以 cm 为尺度概念进行设计的（图 2-11）。

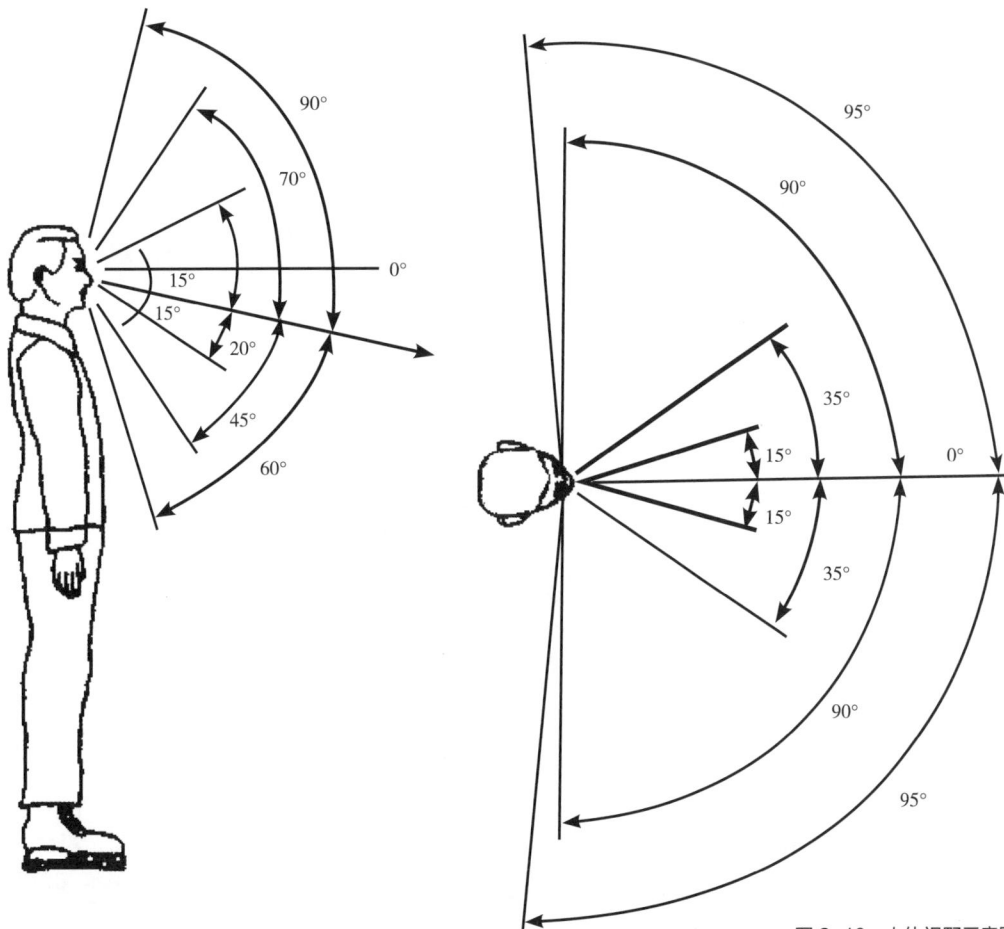

图 2-10　人体视野示意图

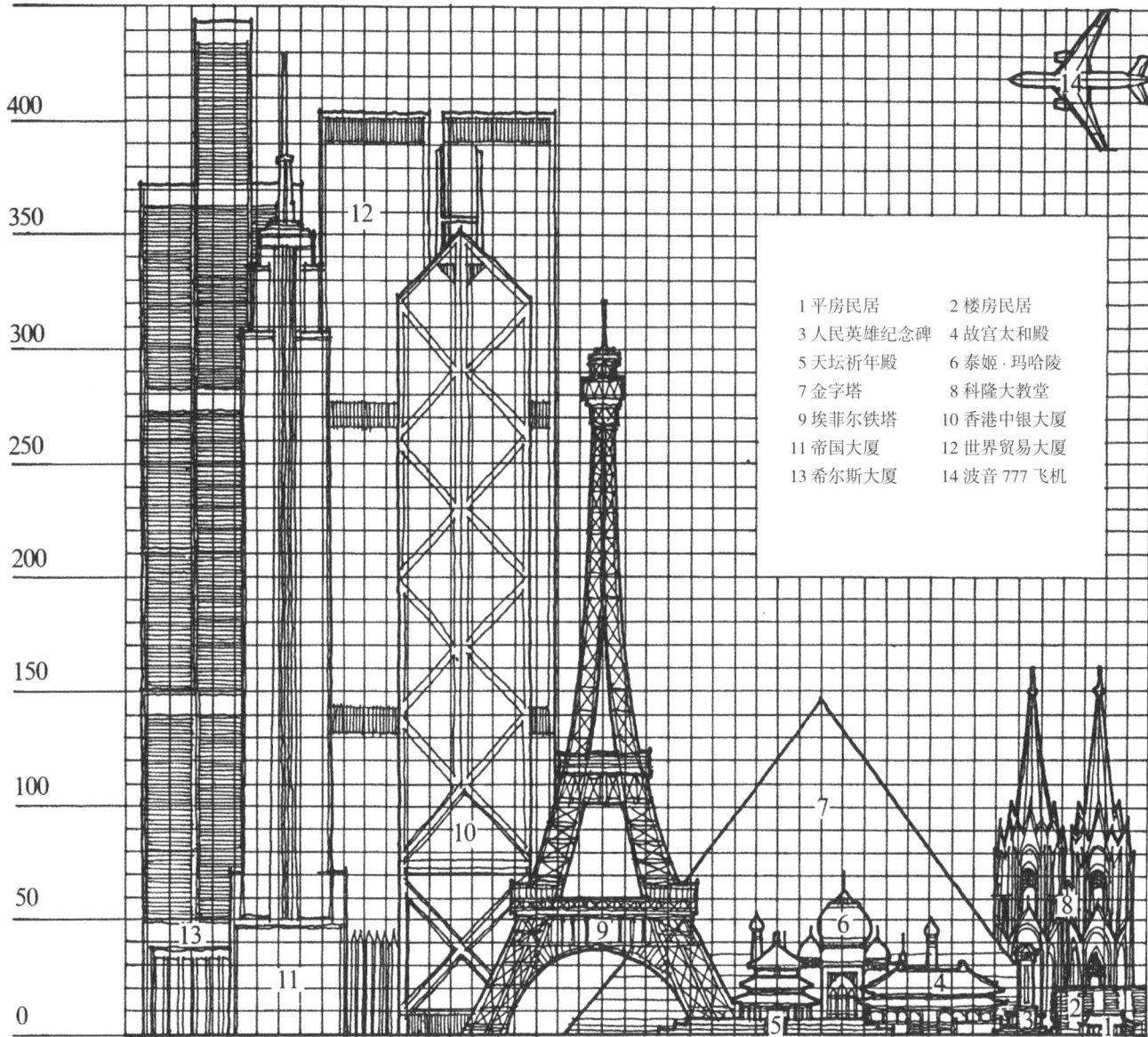

1 平房民居　　　2 楼房民居
3 人民英雄纪念碑　4 故宫太和殿
5 天坛祈年殿　　　6 泰姬·玛哈陵
7 金字塔　　　　　8 科隆大教堂
9 埃菲尔铁塔　　　10 香港中银大厦
11 帝国大厦　　　　12 世界贸易大厦
13 希尔斯大厦　　　14 波音 777 飞机

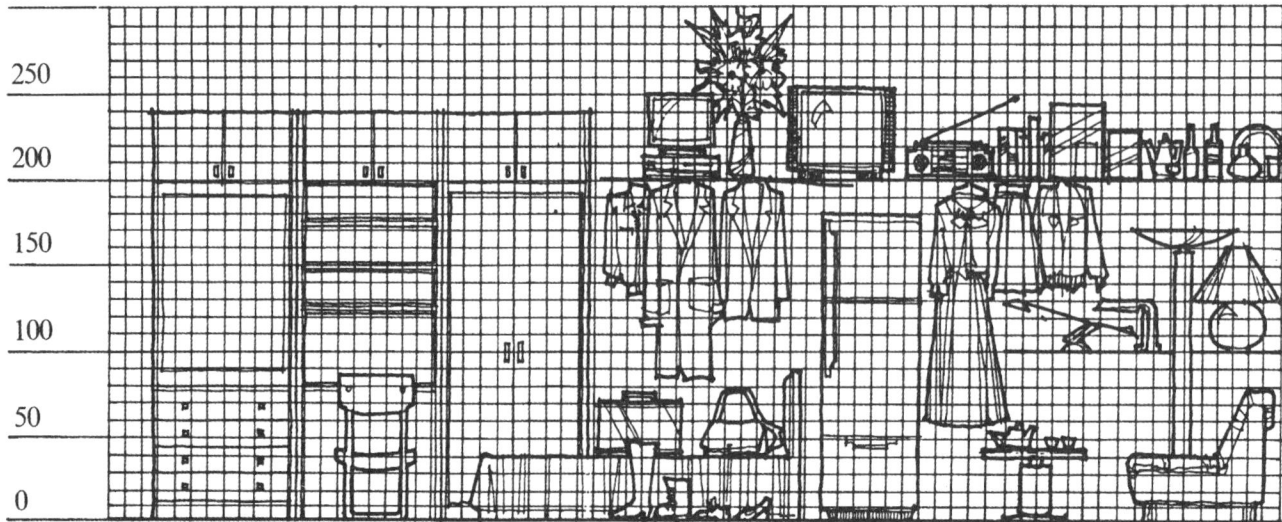

图 2-11　建筑景观以 m 为尺度单位（上图），室内景观以 cm 为尺度单位（下图）

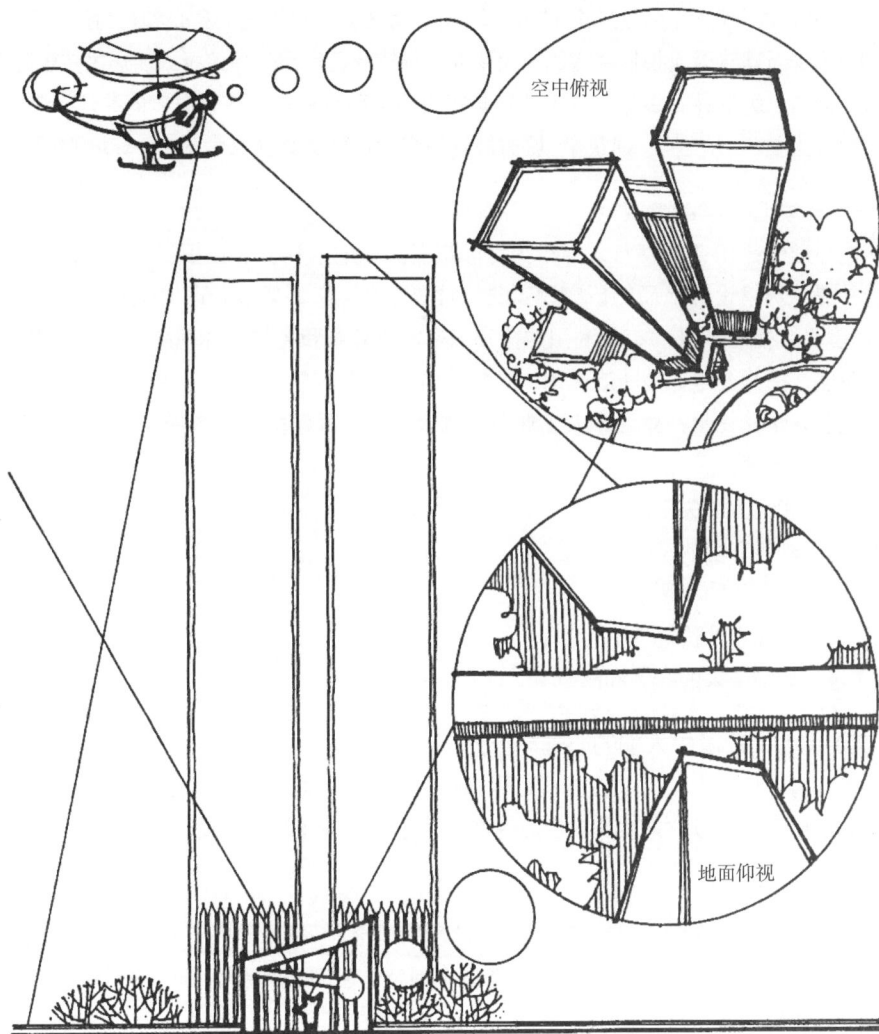

空中俯视

地面仰视

图 2-12　观看位置与景观

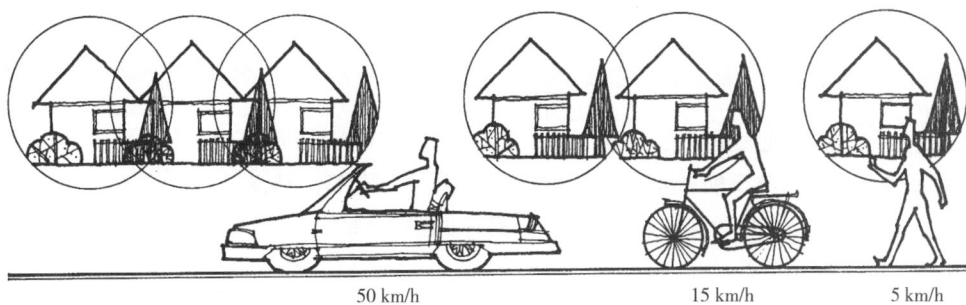

50 km/h　　　　　　　　　15 km/h　　　　　5 km/h

图 2-13　速度与景观

再如我们看到的所有景观因人所处的环境位置、视线范围、行进速度产生完全不同的视觉印象。同一景观因此会由处于不同境况的人得出完全不同的视觉感受。因此在景观设计中必须考虑各种环境中人的视觉感受（图 2-12 和图 2-13 ）。

二、环境心理学

人类一直在探索自身与周围环境的关系。正是在代代相传的探索与思考过程中，人类不断解释环境，解释自己，同时也不断利用和改造环境，维持和改善自己的生存条件。在这一过程中，人际交往、人与环境之间的相互作用，都直接影响着人所处的环境，也影响着人类自身。

20 世纪五六十年代，西方国家的城市环境严重恶化，对居民的身心和行为产生了各种消极影响；同时不少新建筑因无视使用者的行为要求，导致社区崩溃、建筑拆毁、居民抗议等严重后果，并遭到社会的严厉批评。由此，建筑环境与行为的关系引起多学科研究者的关注，最终汇集心理学、社会学、人类学、地理学、建筑学、城市规划等多学科的新兴交叉学科——环境心理学应运而生。

（一）环境心理学的含义

环境心理学是研究环境与人的行为之间相互关系的学科，它包括那些以利用和促进此过程为目的并提升环境设计品质的研究和实践。对应这个定义，环境心理学有两个目标：一是了解"人—环境"的相互作用；二是利用这些知识来解决复杂和多样的环境问题。它着重从心理学和行为的角度，探讨人与环境的最优化，即怎样的环境是最符合人们心愿的。

环境心理学非常重视生活于人工环境中的人们的心理倾向，把选择环境与创建环境相结合，着重研究下列问题。

1）环境和行为的关系。

2）怎样进行环境的认知。

3）环境和空间的利用。

4）怎样感知和评价环境。

5）建成环境中人的行为和感觉。

（二）室内外环境中人们的心理与行为

人在室内外环境中，其心理与行为尽管有个体之间的差异，但从总体上分析仍然具有共性，仍然具有以相同或类似的方式作出反应的特点，这也正是我们进行设计的基础。

1. 人的基本需求

1943 年，美国心理学家马斯洛在《人类动机的理论》一书中提出了著名的人的需求层次理论。他把人的需要分成若干层次，从低级到高级分别为：生理的需要、安全的需要、相互关系和爱的需要、尊重的需要、自我实现的需要、学习与审美的需要。

对同一环境场所而言，由于人群年龄、性别、健康程度、经济文化状况、社会地位、生活方式、宗教信仰以及在环境中从事的活动不同，对环境艺术设计既有普遍的、一般性要求（生理要求），又有个别的、特殊的要求（心理要求）。生理要求包括环境的日照、自然采光和人工照明、室内环境的保温隔热、通风、隔声等；心理需求包括私密性、个人空间、领域、交往等方面。

2. 空间使用方式

空间使用方式直接反映了人们在室内外环境中的心理与行为特点，表现为人使用空间的固有方式。个人空间、私密性和领域性是空间使用方式研究的基本内容。

（1）个人空间与人际距离

个人空间是指存在于个体周围的最小空间范围，研究者将其形象地比喻为围绕着人体的看不见的气泡，这个气泡跟随人体的移动而移动，依据个人所意识到的不同情境而胀缩，是人在心理上所需要的最小空间，他人对这一空间的侵犯与干扰会引起个人的焦虑与不安（图 2-14）。

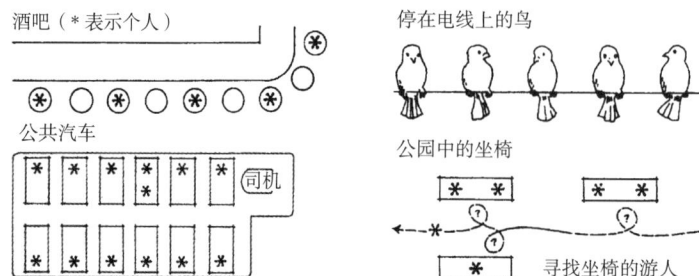

图 2-14 在各种场合中陌生人的个人空间模式

影响个人空间的主要因素有：① 个人因素，如年龄、性别、文化、社会地位等；② 人际因素，如人与人之间的亲密程度；③ 环境因素，如活动性质、场所的私密性等。

人们在特定环境中对个人空间的需求直接影响了人际交往的空间距离，而人际距离又决定了在相互交往时何种渠道成为最主要的交往方式。人类学家霍尔在以美国西北部中产阶级为对象进行研究的基础上，将人际距离概括为以下四种（图2-15a 至图2-15d）。

密切距离：0～50 cm。小于个人空间，触觉和耳语成为主要交往方式，适合抚爱和安慰，或者摔跤和格斗。在公共场所与陌生人处于这一距离会感到严重不安。

个人距离：50～130 cm。与个人空间基本一致。处于该距离范围内，能提供详细的信息反馈，谈话声音适中，言语交往多于触觉，适用于亲属、师生、密友握手言欢，促膝谈心，或日常熟人之间的交谈。

社会距离：1.3～4 m。这一距离常用于非个人的事务性接触，如同事之间商量工作；远距离还起着互不干扰的作用，观察发现，即使熟人在这一距离出现，坐着工作的人不打招呼继续工作也不为失礼；反之，若小于这一距离，即使陌生人出现，坐着工作的人也不得不打招呼问询。这一点对于室内设计和家具布置很有参考价值。

公众距离：4 m 以上的距离。这是讲演者、演员和听众正规接触的距离。此时无视觉细部可见，需要提高声音，甚至采用肢体语言辅助语言表达。

每类距离中，根据不同的行为性质再分为接近相与远方相。例如在密切距离中，亲密、对对方有可嗅觉和辐射热感觉为接近相；可与对方接触握手为远方相。当然对于不同民族、宗教信仰、性别、职业和文化程度等因素，人际距离也会有所不同。

（2）私密性

私密性可以概括为行为倾向和心理状态两个方面：退缩和信息控制。退缩包括个人独处、与他人亲密相处或隔绝来自环境的视觉和听觉干扰。信息控制包括匿名、保留隐私权、不愿多交往等。由此可见，私密性并非仅仅指离群索居，而是指对生活方式和交往方式的选择和控制。

私密性对个人生活和社会生活都起着重要作用，其关键在于为使用者提供控制感和选择性，这就要求物质环境从空间的大小、边界的封闭与开放等方面，为人们的离合聚散提供不同的层次和多种灵活机动的特性。例如在住宅设计中，既要考虑一家人团聚所需的公共空间，也要尽可能地为每个成员提供只属于自己的私人空间；

图 2-15a　密切距离

图 2-15b　个人距离

图 2-15c　社会距离

图 2-15d　公众距离

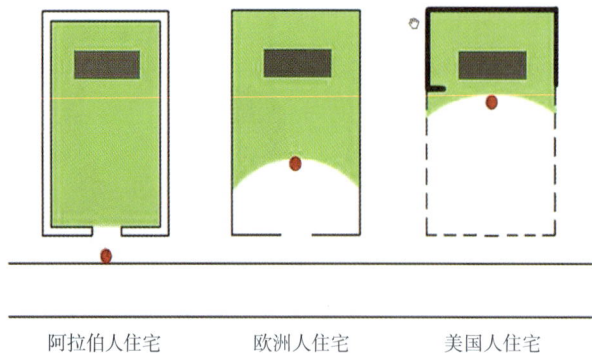

图 2-16 领域感与民族风俗有关, 对比三个地区的住宅庭院范围划分情况, 我们可以看出阿拉伯人的领域意识最强, 欧洲人其次, 美国人最弱

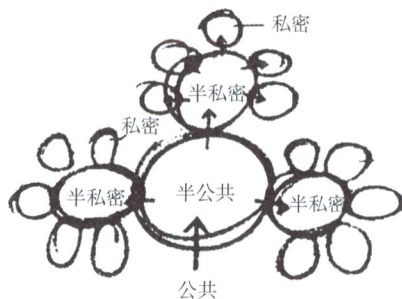

图 2-17 空间领域层次

住宅户外空间也要保持一定的私密性, 通过一定程度的限定可以让住户对户外环境更有控制感和安全感 (图 2-16)。再比如, 景观型办公室虽然能使办公空间更具艺术美感, 有利于加强员工之间的联系, 但却存在噪声干扰和缺乏私密性的问题, 因此在设计时可以采用吸声装修材料、铺地毯、隔离有噪声的设备等措施控制噪声, 还可以设置少量私密性小空间, 供少数人讨论交谈使用。

（3）领域性

领域性是个人或群体为满足某种需要, 拥有或占用一个场所或一个区域, 并对其加以人格化和防卫的行为模式。该场所或区域就是拥有或占用他的个人或群体的领域。随着个人需要层次的不同, 如生存需要、安全需要、社交需要、尊重需要、自我实现需要等, 领域的特征和范围也不同, 如一个座位、一个角落、一个房间、一套住宅、一组建筑物、一片土地等, 随着拥有和占用程度不同, 个人或群体对它的控制, 即人格化与防卫的程度也明显不同。领域这个概念不同于个人空间, 个人空间是一个随身体移动的看不见的气泡; 而领域无论大小, 都是一个静止的、可见的物质空间。

领域有助于私密性的形成和控制感的建立。生活在具有丰富私密型—公共性层次的环境中, 会令人感到舒适而自然, 既可以选择不同方式的交往, 又可以躲避不必要的应激。美国建筑师纽曼研究城市住宅区犯罪问题时发现高层住宅区犯罪率高于低层住宅区的原因在于, 低层住宅区由于分组明确, 居民较频繁使用门前的半公共领域 (休息、停车、游戏), 彼此容易熟悉, 因而也便于共同担负起管理和监视环境的责任。而高层住宅居民感到户外空间与己无关, 结果 "鸡犬之声相闻, 老死不相往来", 从而给犯罪分子可乘之机。由此纽曼提出了著名的 "可防卫空间" 设计原则, 对居住环境的设计产生了重要作用 (图 2-17和图 2-18)。

个人空间、私密性和领域性直接影响着人的拥挤感、控制感和安全感, 反映在行为上就会表现为尽端趋向、寻求依托等特点: 在入住集体宿舍时, 先进入宿舍的人, 往往会挑选在房间尽端的床铺; 就餐人挑选餐桌座位时往往首选餐厅中靠墙的卡座, 而不愿意选择近门处及人流通过频繁处的座位; 在广场、公园等开放空间中人们大多选择背后有依托、前方视野开阔的地方停留, 而设置于空旷场地中心的座位往往较少有问津。这些行为和心理特点对环境设计中空间层次的划分、空间的使用效率、休息设施的分布等都有指导意义。

3. 行为习性

行为习性是人的生物、社会和文化属性与特定的物质和社会环境长期、持续和稳定地交互作用的结果。人在空间环境中较常见的动作性行为习性有抄近路 (图 2-19)、尽端趋向和寻求依托等 (图 2-20); 体验性行为习性有看人也为人所看、围观、安静与凝思等 (图 2-21)。

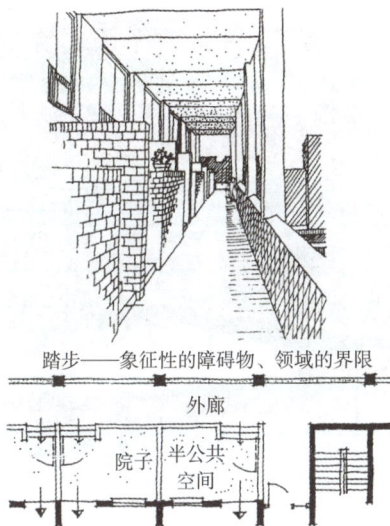

踏步——象征性的障碍物、领域的界限

外廊

院子　半公共空间

图 2-18　河湾住宅利用高差变化，形成了公共院落—开敞的公共走廊—半公共院落的清晰领域，为居民提供了较安全的环境

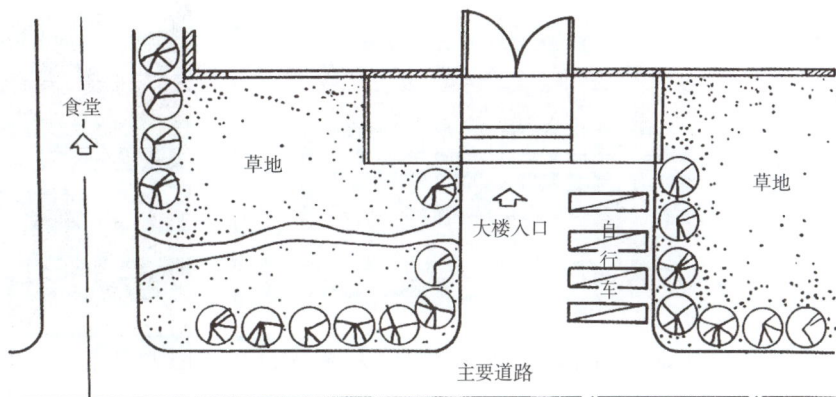

食堂

草地

大楼入口

自行车

草地

主要道路

（有自行车阻挡的草地未被穿越）

图 2-19　草坪上的小路反映出人们抄近路的习性

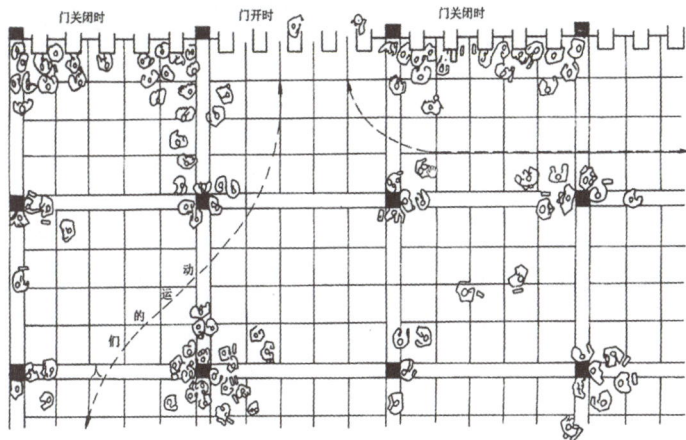

门关闭时　　门开时　　门关闭时

图 2-20　火车站候车室里人们对停留地点的选择具有明显的尽端趋向和寻求依托的特点

图 2-21　广场上的行为艺术引起人们的围观

（三）环境心理学在环境艺术设计中的应用

1. 设计需要符合人们的行为特性和心理特征

环境艺术设计是为人服务的，而人是活动的、多样化的，不同社会文化背景、经济地位、年龄、性别、职业的使用者的行为模式和心理特征不同。了解使用者在特定环境中的行为与心理特征，可以避免设计者只凭经验和主观意志进行设计，从而使设计建立在科学的基础上。例如国外许多外部空间设计都采用三角形作为道路规划设计的母题，既满足了人们抄近路的习性，又创造了更丰富多样的环境（图 2-22a 和图 2-22b）。再比如，在开放空间中设置休息设施时，应根据上述环境心理和行为特征，将休息设施放置在空间边缘、空间内的凹处或转角处，如此既保证视线开阔，同时也使背部有依托，让人们感到亲切、安全、有一定领域感（图 2-23）。

2. 认知环境和心理行为模式对组织室内外空间的提示

在认知环境中结合上述心理行为模式，对环境艺术设计中空间的组织可起到某种提示作用。

首先是空间的秩序。空间的秩序是指人的行为在时间上的规律性或倾向性。这一现象在环境中是非常明显的。例如火车站前广场的人数每天随着列车运行的时间表而呈周期性

1. 石步道　2. 水池　3. 座椅　4. 花池　5. 建筑　6. 草地　7. 广场

图 2-22a　伯纳特公园平面，米字格的道路系统不仅可满足人的行为习性，还创造了别具一格的景观

图 2-22b　伯纳特公园实景

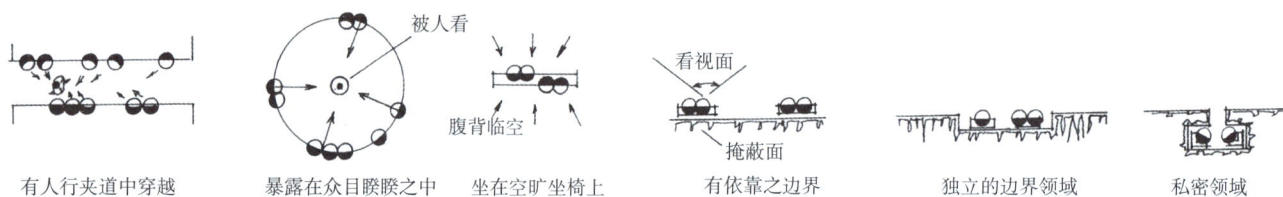

有人行夹道中穿越　　暴露在众目睽睽之中　　坐在空旷坐椅上　　有依靠之边界　　独立的边界领域　　私密领域

图 2-23　休息设施的设置形式对使用人群心理产生的影响

的增加或减少。掌握这些规律对于设计者合理安排环境场所的各种功能，提高环境的使用效率很有帮助。

其次是空间的流动，即人在环境空间中从某一点到另一点的位置移动。在日常生活中，人们为了一定的目的做从一个空间到另一个空间的运动，都具有明显的规律性和倾向性（表 2-2）。人在空间中的流动量和流动模式是确定环境空间的规模及其相互关系的重要依据。

表 2-2　　　　　　　　　　人群在空间的流动

人流的内容	图像	行为	平均步行速度 /（m/min）
具有行为目的的两点间的位置移动		避难、通勤、上学	80~150
伴随其他行为目的的随意移动		购物、游园、观览	40~80
移动过程即行为目的的移动		散步、郊游	50~70
流动停滞状态		等候、休息、咽喉地带	0

再次是空间的分布，是指在某个时间段人们在空间中的分布状况。经过观察可以发现人们在环境空间中的分布是有一定规律的。有人将人们在环境空间中的分布归纳为聚块、随意和扩散三种图形（表 2-3）。在人们的行为与空间之间存在着十分密切的关系和特性以及固有的规律和秩序，而从这些特性能看出社会制度、风俗、城市形态以及建筑空间构成因素的影响。例如图 2-24 是某日午休时间在某小广场上人群的分布情况。将该广场按 2 m 的间距划分成坐标网格，然后将每个方格中的人数和行为特征统计后标注在"行为状态分布图"中，就可以使人直观地了解场所的使用状况。将这些规律和秩序一般化，就能够建立行为模式，设计者可以根据这一行为模式进行方案设计，并对设计方案进行比较、研究和评价，真正做

○休息者 ◐交谈者 ●阅读者

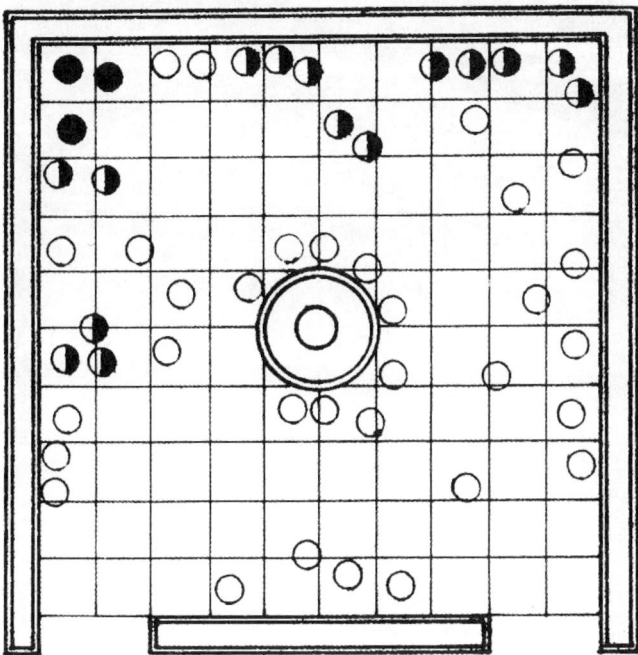

图2-24　午休时间在某小广场上人群的分布情况

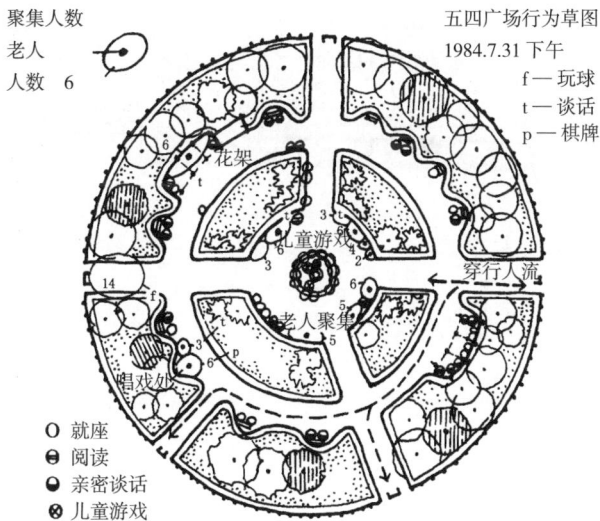

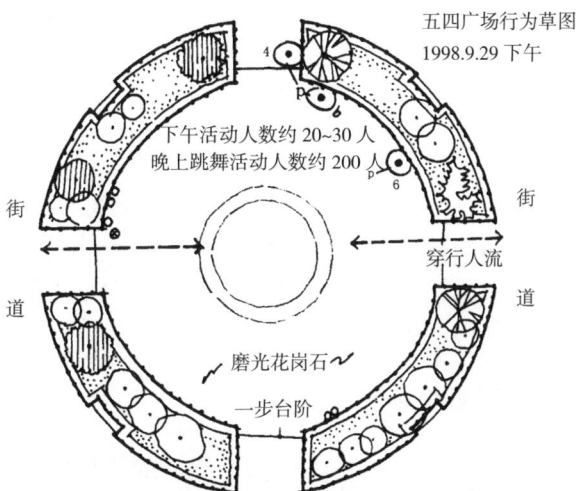

聚集人数
老人
人数　6

五四广场行为草图
1984.7.31 下午
f—玩球
t—谈话
p—棋牌

花架
儿童游戏
穿行人流
老人聚集
唱戏处

○ 就座
◐ 阅读
◑ 亲密谈话
⊗ 儿童游戏

五四广场行为草图
1998.9.29 下午

下午活动人数约20~30人
晚上跳舞活动人数约200人

街
道

街
道

穿行人流

磨光花岗石
一步台阶

图2-25　大连五四广场改建前后游人活动的比较

到"场所或景观不是让人参观的，而是供人使用、让人成为其中的一部分"。反之，只关注形式而忽视环境主体的设计只能是失败的设计。例如，20世纪80年代中期大连五四广场上布置了花架、灌木、乔木和向心布置的坐椅，限定出不同领域层次的活动交往的空间，吸引市民们聚在一起唱京戏、打扑克、聊大天、带儿孙、找熟人、结新友等，乐此不疲。20世纪90年代对广场进行了改建，铺地以硬质磨光花岗石为主，草地为辅，广场白天是马路对面银行的前奏和陪衬，入夜则是中年人的舞场，由于滑溜溜和亮光光的花岗石硬质铺地完全不符合老人与儿童的安全要求，且缺少座椅和遮阳的树木，当年人们"围圈扎堆"的活动场面已不复存在(图2-25)。

表2-3　　　　　人在空间里的分布图形

分类	图形	行为
聚块图形		聚会、游玩
随意图形		步行、休息
扩散图形		列队、听课

3. 在进行环境设计时应考虑使用者的个性与环境的相互关系

环境和人的关系是相互影响、相互作用的，环境心理学从总体上既肯定人们对外界环境的认知有相同或类似的反应，同时也十分重视作为使用者的人的个性对环境设计提出的要求，充分理解使用者的行为、个性，在塑造环境时予以充分尊重，但也可以适当地动用环境对人的行为的"引导"，对个性的影响，甚至一定程度意义上的"制约"，在具体空间的设计中应辩证地运用上述的心理行为模式。

第二节　环境艺术设计的美学规律

如前所述，环境是我们居住、工作、游览的物质环境，同时又以其艺术形象给人以精神上的感受。我们都知道，绘画通过颜色和线条表现形象，音乐通过音阶和旋律表现形象，而环境艺术的形象则生成在材料和空间之中，具有它自身形式美的规律，这些规律是环境艺术设计应当遵循的原则。

一、统一与多样

统一与多样是造型语言的基本法则。完美的造型必须具有统一而又多样的形式。所谓统一，就是在环境艺术设计中所运用的造型形状、色彩、肌理等具有协调的构成关系。多样是指环境艺术设计中造型元素的差异性，例如同一种线型的长短、粗细、疏密的变化等。

任何造型艺术都由若干部分组成，这些部分既存在区别，又相互联系，只有把这些部分按一定的规律有机地组合为一个整体，才能具有艺术感染力。统一与多样是辩证的关系，它们相互对立，相互依存。缺乏统一与和谐则显得杂乱，缺乏多样性则显得单调，而杂乱和单调不可能构成美的形式。由此可见，在环境艺术设计中创造出既统一而又多样的形式，才符合形式美的基本法则（图2-26a ~ 图2-26c）。

二、均衡与稳定

在古代，人们崇拜重力，并从与重力作斗争的实践中逐渐形成了一整套与重力相关的审美观念，这就是均衡和稳定。从自然现象中，人们意识到一切事物要保持均衡与稳定，就必须具备一定的条件，如像山一样上部小、下部大，像树一样上部细、下部粗，像人一样左右形体对称等。同时，通过造型实践，人们更进一步发现均衡与稳定的基本规律。实践证明，凡符合这一原则的造型，不仅在构造上是安全的，而且给人的感觉也是舒适的。所以在进行建筑设计和环境设计时，人们力求符合均衡与稳定的原则。如埃及金字塔呈下大上小，逐渐收分的方尖锥体，这是和当时人们均衡与稳定的设计观相一致的。

均衡分为对称和不对称两种形式。对称的形式自然就是均衡的，加之它本身又具体体现出一种严格的制约关系，因而具有完整的统一性。对称式均衡很容易显示出宁静和稳定的平衡状态，其重点一般都在轴线上。人类很早就把这种形式运用到建筑和环境设计中，古今中外有无数的著名建筑都是通过对称的形式来获得其均衡与稳定的审美追求和严谨工整的环境气氛（图2-27）。

现代的环境艺术空间功能日趋综合化和复杂化，因此不对称的均衡法则在建筑和环境设计中的使用更为普遍。相对于对称式均衡，不对称的均衡更具有视觉能动性和主动性，它处于动态和变化之中，充满生机和活力，显得更轻松、活泼（图2-28）。

三、韵律与节奏

韵律与节奏原是音乐中的术语，后被引申到造型艺术中来表示以条理性、重复性和连续性为特征的美的形式，它表现为一种秩序，这种有序的形态在自然界中随处可见，如远山轮廓线的延绵起伏、大海中的层层波涛等。可见韵律所表现的是相同或相近似形态之间的一种有规则排列的变化关系，这种关系就像音乐里的乐章一样，形成一种韵律美和节奏感。

韵律的设计原则是基于空间与时间中环境艺术构成要素的重复。这种重复，一方面创造了视觉上的整体感，另一方面也能在同一构图中引导观察者的视觉与心理感受，或环

图2-26a 巴黎拉维莱特公园模型，在严谨的方格网的每个交汇点上设置一个耀眼的红色建筑，其体量、材料、色彩非常统一，但造型和功能却各不相同

图2-26b 巴黎拉维莱特公园里红色的建筑之一

图2-26c 巴黎拉维莱特公园里红色的建筑之二

图 2-27　东京都新市政厅，对称的造型，庄严稳重，立面的比例借鉴了巴黎圣母院的形象

图 2-28　罗马千禧教堂，不对称的均衡的构图赋予了教堂建筑新的面貌

图 2-29　里昂国际机场内部空间，形似鸟类骨架的屋顶结构造型充满韵律感

图 2-30　北京紫禁城鸟瞰，一系列宫殿和院落沿中轴线展开，形成起承转合的空间序列和节奏变化，太和殿是这一序列的高潮

绕同一空间沿一条行进路径作出连续而有节奏的反应。在环境艺术中，韵律可以通过元素重复、渐变等形式体现在立面构图、装饰和室内细部处理等方面，也可以通过空间的大小、宽窄、纵横、高低等变化体现在空间序列中（图 2-29）。

所有令人满意的开放式韵律，一定要在尽端有个结束。在空间中，具有韵律关系的形式，无论是由点的重复、线的重复，还是面的重复所形成的，必然会创造出一种运动感和方向感，人们会在这些形式的暗示之下在空间里穿行。过往的人们，通过对韵律的感受，不仅形成一种愉快和连续的趣味，而且也使人们对于尽端要出现的某种重要的、巨大的和使人激动的事物，思想上有所准备。一个开放式的韵律必须有结尾，而且这个结尾必须是一个足够重要的高潮，以证明方才的准备就是为它作的（图 2-30）。

韵律美在建筑环境中的体现极为广泛，不论是东方或西方，不论是古代或现代，我们都能找到富有韵律美和节奏感的建筑。有人把建筑比作"凝固的音乐"，其道理正在于此（图 2-31）。

图2-31 威尼斯的总督府是"建筑是凝固的音乐"的最佳注脚。立面采用连续的哥特式尖券和火焰纹式券廊，是中世纪世俗建筑中最美丽的作品之一

四、对比与类似

对比是指互为衬托的造型要素之间存在着差异因素，类似则是要素之间具有类同的因素。就形式美而言，这两者都是不可缺少的，对比可以借彼此之间的烘托陪衬来突出各自的特点，类似则可以借相互之间的共同性以求和谐。没有对比会使人感到单调，过分地强调对比则可能失去相互之间的协调，造成彼此孤立。只有把这两者巧妙地结合在一起，才能既有变化又和谐一致。在环境艺术设计领域中，无论是整体还是局部，单体还是群体，内部空间还是外部空间，要求与形式的完美统一，都离不开对比与类似手法的运用（图2-32）。

五、比例与尺度

比例含有"比较"、"比率"的意思。在环境艺术设计中，是指构成整体的部分与整体之间具有尺度、体量的数量关系。在古希腊，就有人发现了黄金比，他们认为这是最佳比例关系。黄金比又称黄金分割率，即把一线段分为长与短两部分，使长的部分与短的部分之比等于整长度与较长部分之比，这种比例关系被人们称为黄金比（图2-33）。如果把这种长短的比例关系应用到造型中去，就是一种美的形式。在环境艺术设计中，所设计的形象所占面积的大小、空间分割的关系、色彩面积比例等都需要我们用这种理性的思维去作合理的安排（图2-34）。

尺度是指人与他物之间所形成的大小关系，由此而形成的一种大小感及设计中的尺度原理也与比例有关。比例与尺度都是用于处理物件的相对尺寸。如果说有所不同，那么比例是指一个组合构图中各个部分之间的关系，而尺度则指相对于某些已知标准或公认的常量对物体的大小。

一个好的环境艺术要有好的尺度。不同的环境有不同用途的空间，这就决定了尺度关系的类型也是多种多样的。任何一个空间都应根据它的使用功能，获得一定的环境效果，确立自己的尺度。而要让环境艺术具有尺度感，就必须把一个可以参照的标准单位引入到设计中来，使之产生尺度感。实际上，人是环境艺术的真正尺度，即"人体尺度"（图2-35）。通过人体尺度，可确立环境的整体尺寸，使人获得对环境艺术整体尺度的感受，或亲切宜人，或高大宏伟。

图2-32 柏林舒泽大街综合楼，不同历史时期的建筑立面形式之间对比与类似的关系

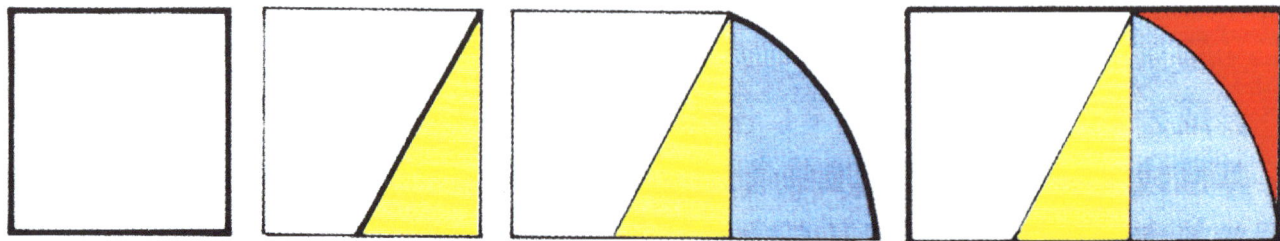

图2-33 黄金分割。左至右：方形；底边中点和对角连线；将此斜线旋转；黄金矩形短边比长边是 2：1 +√5

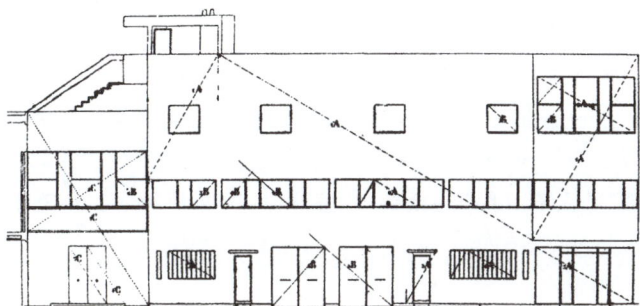

图 2-34 拉·罗什·让纳雷住宅立面，柯布西耶把基准线看作"灵感的决定性因素之一，它是建筑中重要的操作环节之一"

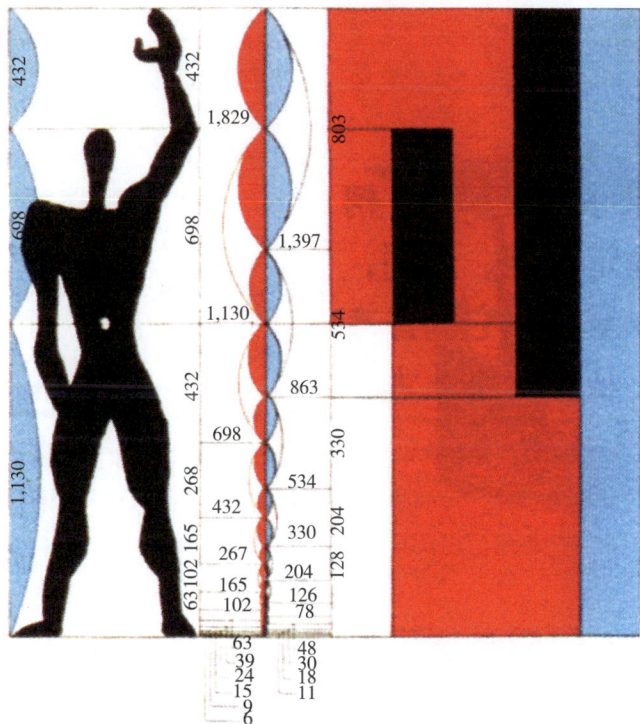

图 2-35 勒·柯布西耶的模数人用头或脚长度作为一个模数表示人体各个比例，这种观点贯穿建筑的历史，成为一个重要的思想

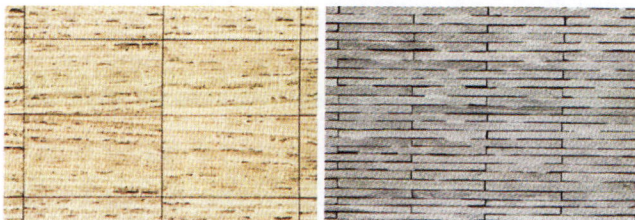

常见石板幕墙　　　　　　　层叠石板墙面

剁斧石墙面　　　　　　　　层叠石板墙面

虎皮石墙面　　　　　　　　乱石板层叠墙面

虎皮石墙面　　　　　　　　乱石板层叠墙面

乱石板墙面　　　　　　　　石块填充钢筋笼墙体

图 2-36 不同石材墙面的肌理效果

六、质感和肌理

质感可被理解为人对不同材料质地的感受。材料手感的软硬糙细，光感的浓暗鲜晦，加工的坚松难易，持力的强弱紧弛……这些特点调动起人们在感知中视觉、触觉等知觉活动以及其他诸如运动、体力等感受的综合过程。这种感知过程直接引起人们对物质材料的雄健、纤弱、坚韧、温柔、光明、灰涩等形态心理。正确认识和选择各种物质材料的物理特征、加工特征以及形态特征，是环境艺术设计过程中的重要环节。

环境艺术中的肌理有两方面的含义：一方面是指材料本身的自然纹理和人工制造过程中产生的工艺肌理，它使质感增加了装饰美的效果。我们可以把"肌"理解为原始材料的质地，把"理"理解为纹理起伏的编排。比如一张白纸可折出不同的起伏状态，花岗石可磨制为镜面状态，虽然材质并无变化，但肌理形态却有了较大的改观。可见在设计中对"肌"主要是选择问题，而对"理"却有更多的设计可能，因此在环境设计中我们应把更多的注意力放在对纹理的设计上（图 2-36）。

肌理的另一含义是指构成环境的各要素之间所形成的一种富于韵律、协调统一的图案效果，如老北京四合院群在城市街区之中所形成一种大范围的肌理效果。这种肌理的形成，可以是一种材料，也可以是植物等自然要素，甚至是建筑物本身（图2-37）。

追求一种材料或几种材料肌理的细微变化，是室内外环境的细部设计中必不可少的手段。它不仅可以使统一、和谐的形式富于变化，充满情趣，更可以通过肌理上的对比与反差，与环境中其他要素形成对比和视觉上的冲击力，从而成为空间中的中心或重点。肌理规律性的变化还能赋予形式以韵律和节奏，或间强间弱，给人不同的心理感受，丰富环境空间的气氛（图2-38）。

第三节　环境艺术设计的基本原则

环境艺术设计涉及领域虽然较为广泛，不同类型项目的设计手法也有所区别，但从环境艺术的特点和本质出发，其设计都应遵循以下原则。

一、以人为本的原则

人是环境的主体，环境艺术设计是为人服务的，必须首先满足人对环境的物质功能需求、心理行为需求和精神审美需求。在物质功能层面，环境艺术设计应为人们提供一个可居住、停留、休憩、观赏的场所，处理好人工环境与自然环境的关系，处理好功能布局、流线组织、功能与空间的匹配等内部机能的关系；在心理行为层面上，环境艺术设计必须从人的心理需求和行为特征出发，合理限定空间领域，满足不同规模人群活动的需要；在精神审美层面上，环境艺术设计应充分研究地域自然环境特征，注重挖掘地域历史文化内涵，把握设计潮流和公众审美倾向。

二、形式美的原则

环境的形式直接反映其艺术性和风格特征。在设计中应做到人工环境和自然景观的协调组合；注意形式美的原则的运用，如比例与模数，尺度感与空间感，对称与不对称，色彩与质感，统一与对比等；积极探索传统形式的继承运用及其与现代形式的呼应，强调文脉与时空连续性。

图2-37　巴塞罗那中世纪老城格局，大尺度的肌理效果十分壮观

图2-38　2010年世博会B4展馆外墙采用由原厂房拆除下来的废旧红砖，重新砌筑成花样各异的图案，凹凸有致的材料肌理在阳光下诠释着光与影的魅力

三、整体设计原则

整体设计首先是对项目的整合设计。项目无论大小都应从整体出发，从大环境入手处理各环境要素以及它们之间的关系，注意环境的整体协调性和统一性。其次是学科之间的交叉整合，综合运用环境心理学、人体工程学、生态学、园艺学、结构学、材料学、经济学、施工工艺以及哲学、历史、政治、经济、民俗等多学科知识，同时借鉴绘画、雕塑、音乐等其他艺术门类的艺术语言。最后是设计团队的合作，建筑师、规划师、艺术家、园艺师、工程师、心理学家等与环境艺术设计师一起完成对环境的改善与创新。这里需要指出的是，当代环境艺术的审美价值已从"形式追随功能"的现代主义转向情理兼容的新人文主义，审美经验也从设计师的自我意识转向社会公众的群众意识。因此使用者也是设计团队中不可或缺的组成部分，设计应重视大众的文化品位对设计方向的引导作用，设计过程中应积极引入"公众参与"的机制。

四、可持续发展原则

环境艺术设计要遵循可持续发展的要求，不仅不可违背生态要求，还要提倡绿色设计来改善生态环境。另外，将生态观念应用到设计中，设计者要掌握好各种材料特性和技术的特点，根据项目的具体情况选择合适的材料，尽可能做到就地取材，节能环保，充分利用环保技术使环境成为一个可以进行"新陈代谢"的有机体。此外，环境艺术设计还应具有一定的灵活性和适应性，为将来留下更改与发展的余地。

五、创新性原则

环境艺术设计除了要遵循上述设计原则以外，还应当努力创新，打破大江南北千篇一律的局面，深入挖掘环境的文化内涵和特点，尝试新的设计语言和表现形式，充分展现出艺术的个性特征。

在第一、二章中我们分析和阐述了环境艺术设计的演进、概念、内涵、发展趋势及其理论基础和设计原则。从第三章开始我们将分别对环境艺术设计的三个主要设计领域，即室内环境设计、景观设计和环境设施设计进行论述。

第三章
室内环境设计

室内环境与人的生活息息相关，它不仅为人们提供了生活活动空间，也满足了人们的心理、精神、审美等多重需求。室内环境设计，也称室内设计，就是通过设计手段，综合运用空间、界面、材料、色彩、灯光、陈设等多种造型元素创造安全、舒适、优美的室内环境。室内环境设计是环境艺术设计的主要研究领域之一。

第一节　室内环境设计的概念

一、室内环境的内涵

人的一生大部分时间是在室内度过的，换句话说，室内环境承载了人的大部分活动。由于人的生活内容十分广泛，包括休息、起居、学习、工作、娱乐、购物等，因此对室内环境的需求也是多层次的。

室内环境的内涵十分丰富，大致可以概括为以下几个方面。

空间环境：包括空间的形状、大小、比例、开敞或封闭程度以及与外部空间的关系。

物理环境：包括室内的光线、空气、温度、湿度等。

心理环境：包括给人以怎样的心理感受，能否给人和给人以什么样的联想和启示等。

设施环境：包括是否具有完善、适用、先进的家具、设施和设备等。

视觉环境：包括是否具有美观的形式，能否给人以美感乃至是否具有深刻的意境等。

生态环境：包括是否符合健康、环保要求等。

由此可见，"室内环境"不等于"视觉环境"，把室内环境设计仅仅理解为"对房间内部进行美化和装饰"的观点是片面的。

二、室内环境设计的内容

室内环境设计的服务对象是人，因此在生活和生产相关的领域中，室内设计与人的听、视、闻、呼吸、触摸等人体工程密切相关。室内环境设计涉及建筑学、人体工程学、行为学、生理学、心理学、结构学、材料学、工艺学、艺术学和美学等许多领域。室内环境设计是一门综合艺术，必须从整体需要出发，把握各种要素，综合处理空间和块面的造型、比例、色彩、材料等组合构成以及室内家具布置、灯具照明、壁挂陈设等环境氛围。室内环境设计的具体内容可以概括为下列几点。

1）空间调整：在建筑设计的基础上，按需要调整空间形状、尺度、比例，在大空间中进行空间再分隔，大小空间按相互关系进行组合，需注意空间层次和虚实对比，解决空间之间的衔接、过渡、对比、统一等问题。

2）界面处理：对墙面、吊顶、地面等室内空间界面的形式和造型的设计，材料质地和色彩的选用，结构构造的做法等，是室内环境设计装潢的主体。

3）家具陈设：包括设计或选择家具与设施，并按使用要求和艺术要求进行配置。设计或选择各种织物、地毯、日用品和工艺品等，使它们的配置符合功能要求和环境的总体要求。

4）灯饰照明：室内环境设计中常常运用灯光和灯饰来创造丰富多彩的环境氛围和主题。照明设计包括确定照明方式，选择或设计灯具，并合理地进行配置。

5）装饰美化：在美化室内环境时，应用壁画、挂画、壁挂、书法、工艺品、雕塑等来装点壁面，是增加室内环境的艺术氛围、艺术品位和表达艺术风格的有效手段。

6）绿化布置：室内环境设计时为了创造自然情趣氛围，常常根据空间大小和不同场合设计石景、水景和绿化，甚至设计规模较大的内庭。

第二节　室内环境要素与设计

一、室内空间设计

（一）室内空间的概念

空间是物质存在的一种客观形式，用长度、宽度和高度表示，是物质存在的广延性和伸张性的表现。与人有关的空间有自然空间和人工空间两大类。人工空间是由"界面"围合的，底下的称为"底界面"，顶部的称"顶界面"，周围的称"侧界面"。根据有无顶界面，人们又把人工空间分为两种：无顶界面的称为外部空间，如广场、庭院等；有顶界面的称内部空间，包括厅、堂、室等，也包括无侧界面的亭、廊等。

内部空间是室内环境设计的基础，这是因为人的大部分活动都是在内部空间进行的，其形状、大小、比例、开敞与封闭程度等都直接影响室内环境的质量和人们生活的质量。

内部空间不仅能供人使用，还有可能具有很强的艺术表现力：宽大明亮的大厅会让人觉得开朗舒畅，广阔而低矮的大厅会使人压抑沉闷……这一切都可以表明，空间是有精神功能的。

进入近现代之后，空间观有了新发展，内部空间已经突破了六面体的概念。西班牙巴塞罗那世博会的德国会馆，用一些平滑的隔墙交错组合，使空间成为一个互相交融、自由流动的组合体（图3-1）。"时间"的因素也被纳入空间设计中，因为人们对空间的体验本身就是一个动态的过程。

图3-1　巴塞罗那德国会馆，纵横墙面构成了流动的空间

图 3-2　家居中卫生空间边界固定，位置不变，功能相对明确，属于固定空间

图 3-3a，图 3-3b　推拉门的设置使空间具有可变性

（二）室内空间的类型

室内空间可以从不同角度进行如下分类。

1. 按空间的形成过程分类

按空间形成过程分类，室内空间可分为固定空间和可变空间。由承重墙、结构柱、楼板或屋盖围成的空间是固定空间（图 3-2）；在固定空间内用隔墙、隔断、家具、陈设等划分出来的空间是可变空间（图 3-3a 和图 3-3b）。组成可变空间是空间设计的一项重要内容。

图 3-4 封闭式空间

图 3-5 开敞式空间

图 3-6 共享空间

图 3-7 动态空间

2. 按空间的开敞程度分类

按空间的开敞程度分类，室内空间可分为开敞式空间和封闭式空间。两者的区别主要表现在侧界面的开敞程度上：以实墙或门窗洞口较小的墙体围合的空间称封闭式空间（图 3-4）；以柱廊、落地窗、玻璃幕墙或门窗洞口较大的墙体围合的空间为开敞式空间。开敞式空间有利于引入自然景观，满足人们亲近自然的天性（图 3-5）。

3. 按空间的私密程度分类

按空间的私密程度分类，室内空间可分为私用空间、公共空间和共享空间。以宾馆为例，客房及管理办公室等私密程度较高，属私用空间；餐厅、舞厅等属于公共空间；体量庞大（可能贯穿几层甚至几十层楼），功能复杂，集交通枢纽、休闲、购物活动于一身的大空间，如四季厅等属共享空间（图 3-6）。

4. 按空间的态势分类

按空间的态势分类，室内空间可分为静态空间和动态空间。静态空间比较稳定，常采用对称式和垂直水平界面处理，空间比较封闭，边界明确，构成比较简单，气氛平静，如客厅、卧室、办公室等；而动态空间或称为流动空间，它的边界具有开放性，空间相互连通，界面之间相互分离、交错与穿插，空间结构具有强烈的动态性（图 3-7）。

5. 按空间限定的程度分类

用建筑手段限定的、边界明确、独立性强的空间称为"实空间"；而借助于地面的高差，吊顶的凹凸，结构构件的变化，地面的图案，家具与陈设的摆放，材质与色彩的变化等手段限定的空间称为"虚空间"（图 3-8）。"虚空间"处于实空间内，但又与其他空间相互贯通，在交通、视线、声音等方面很少阻隔，具有相对的独立性，因而又被称为虚拟空间、心理空间。

图 3-8　通过地面材质和天花形式的变化限定出虚拟空间

（三）室内空间的限定

1. 空间的限定方式

（1）设置

把限定元素置于原空间中，元素周围形成一定的空间场，从而限定出一个新的空间。限定元素通常应具有一定的体量或视觉吸引力（图3-9）。

（2）围合

围合是最典型的空间限定方法，在室内用于围合的限定元素很多，常用的有隔断、隔墙、家具、布帘、绿化等。用围合方式限定的空间往往具有较明确的边界和一定的内向性（图3-10）。

（3）覆盖

覆盖也是一种常用的限定方式。一般采用从上面悬吊限定元素或在下面支撑限定元素的办法来实现。这种方法常用于比较高大的室内环境中。由于限定元素的离地距离、透明度、质感不同，其所形成的限定效果也有所不同（图3-11）。

（4）基面抬起

在室内设计中基面抬起所构成的空间被称为上升空间，即地台空间，是室内地面局部升高而产生一个边界十分清晰的空间，虽然是在原空间上增加的另一个空间，但并没有破坏原有的空间形态。这种空间形式有强调、突出和展示等功能，视野较开阔，具有外向性。这种限定方式有时也具有限制人们活动的意味（图3-12）。

（5）基面下沉

基面下沉是由室内地面局部下沉而限定出一个范围明确、相对于原基面较低的新空间，具有一定的私密性和宁静感。为了加强围护感，充分利用空间，提供导向和美化环境，在下沉空间的高差边界处可布置座位、绿化、陈设等（图3-13）。

图 3-9　独立设计的阅览休息椅周边形成一定的空间场

图 3-10　铸铁栏杆在大厅中围合出餐饮空间

图 3-11　与办公区域对应的吊顶进一步限定了空间

图3-12 基面抬高限定出不同的就餐区

图3-13 餐饮区地面下沉增强了空间的独立性和内聚感

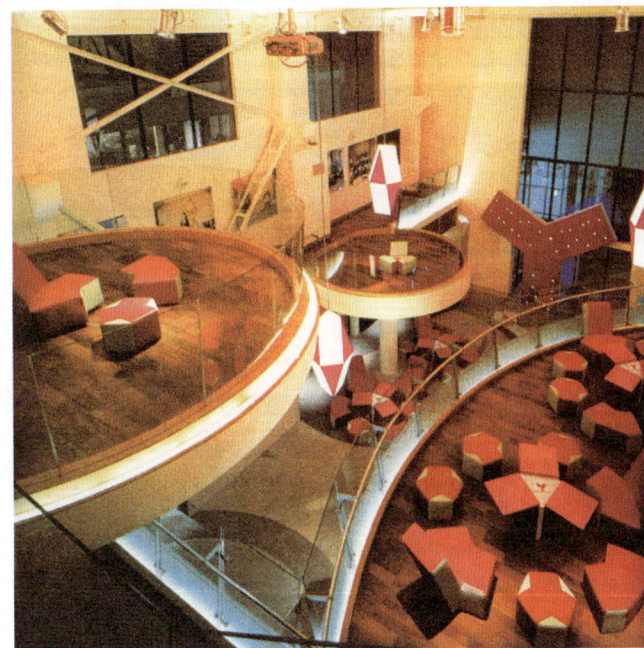
图3-14 大小各异、高低不同的圆形挑台增加了空间的层次

（6）基面托起

利用悬挑等建筑手段托起基面，形成回廊、挑台、夹层等空间，丰富了垂直方向的空间层次，并提供了丰富的俯视视角环境（图3-14）。

（7）质地变化

通过界面质感、色彩、形状及照明的变化，对空间进行限定，这种方法的限定度低，属于抽象限定（图3-15）。

2. 空间的限定度

空间的限定度是指限定元素对空间限定程度的强弱。由于限定元素本身的特点不同，元素的组合方式不同，其所形成的空间限定的感觉也不同。

（1）限定元素的特性与限定度

用于限定空间的限定元素，由于本身在形式、大小、质地、色彩等方面的差异，其所形成的空间限定度会有所不同。在通常情况下，对限定元素的特性与限定度的关系，在设计时可以根据不同的要求进行参考选择（图3-16和图3-17）。

（2）限定元素的组合方式与限定度

除了限定元素本身的特性之外，限定元素之间的不同组合方式也会对限定度产生很大的影响。假设各限定界面均为面状实体，则我们可以将面的组合方式归纳为以下两类。

图3-15 地面材质变化划分出交通空间和餐饮空间

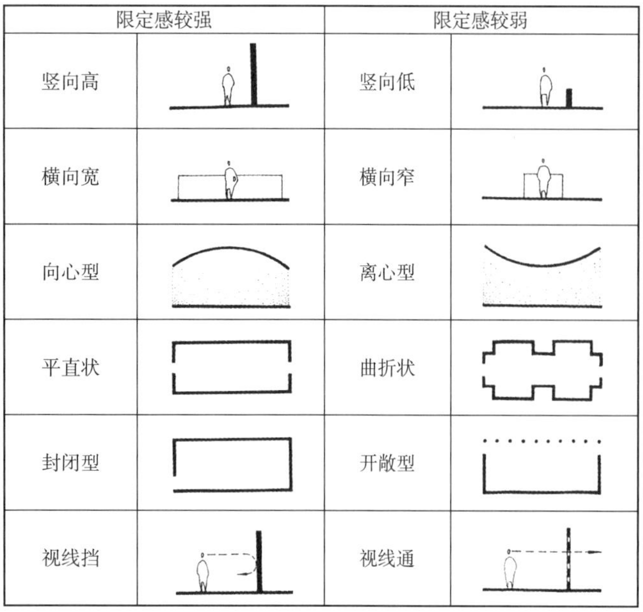

限定感较强		限定感较弱	
竖向高		竖向低	
横向宽		横向窄	
向心型		离心型	
平直状		曲折状	
封闭型		开敞型	
视线挡		视线通	

图 3-16 限定元素的特性与限定度（一）

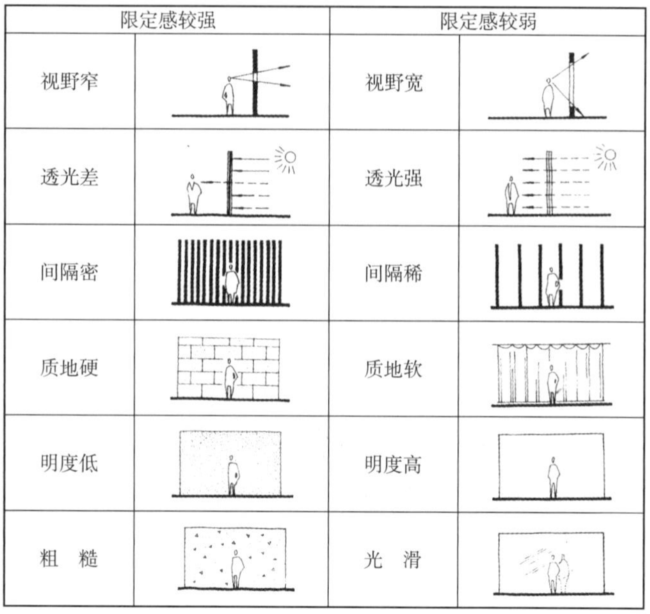

限定感较强		限定感较弱	
视野窄		视野宽	
透光差		透光强	
间隔密		间隔稀	
质地硬		质地软	
明度低		明度高	
粗 糙		光 滑	

图 3-17 限定元素的特性与限定度（二）

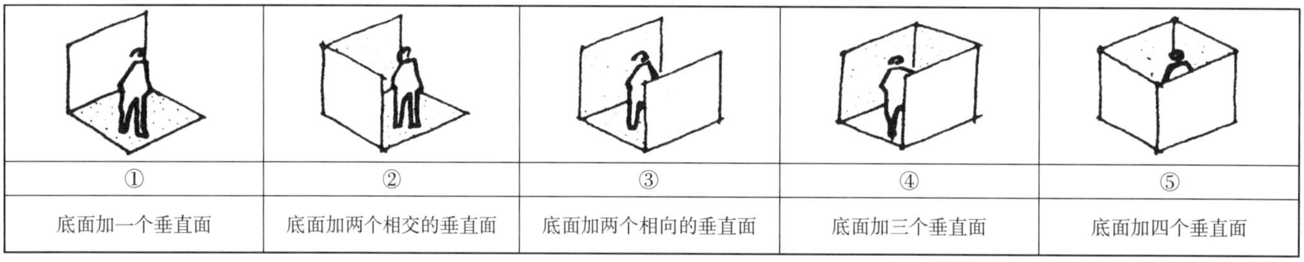

①	②	③	④	⑤
底面加一个垂直面	底面加两个相交的垂直面	底面加两个相向的垂直面	底面加三个垂直面	底面加四个垂直面

图 3-18 垂直面与底面的组合

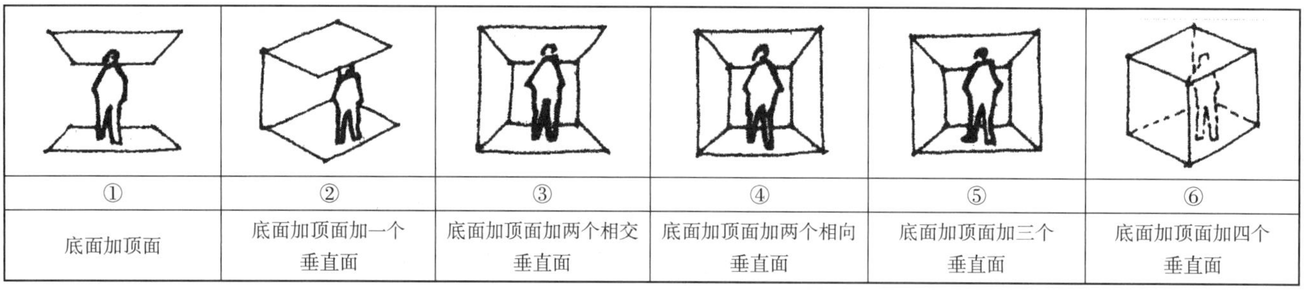

①	②	③	④	⑤	⑥
底面加顶面	底面加顶面加一个垂直面	底面加顶面加两个相交垂直面	底面加顶面加两个相向垂直面	底面加顶面加三个垂直面	底面加顶面加四个垂直面

图 3-19 顶面、底面与垂直面的组合

1）垂直面与底面的组合（图 3-18）

① 底面加一个垂直面。人在面向垂直限定元素时，对人的行动和视线有较强的限定作用。当人背朝垂直限定元素时，有一定的依靠感。

② 底面加两个相交的垂直面。有一定的限定度与围合感。

③ 底面加两个相向的垂直面。在面朝垂直限定元素时，有一定的限定感。当垂直限定元素具有较长的连续性时，限定度提高，空间也会产生流动感，室外环境中的街道空间就是一个典型的例子。

④ 底面加三个垂直面。这种情况常常形成一种袋形空间，限定度比较高。当人们面向无限定元素的方向时，则会产生较强的"居中感"和"安定感"。

⑤ 底面加四个垂直面。此时的限定度很大，能给人以强烈的封闭感，人的行动和视线均受到较强限制。

2）顶面、底面与垂直面的组合（图 3-19）

(a) 长方体空间有明显的方向性，水平长方体有舒展感，垂直长方体有上升感　(b) 三角锥形空间有强烈上升感　(c) 圆柱形空间有向心性团聚感

(d) 正六面体空间各向均衡具庄重严谨的静态　(e) 球形空间有内聚性有强烈封闭压缩感　(f) 环形空间具有明显的指向性和流动感　(g) 拱形剖面空间有沿轴线集聚的内向性

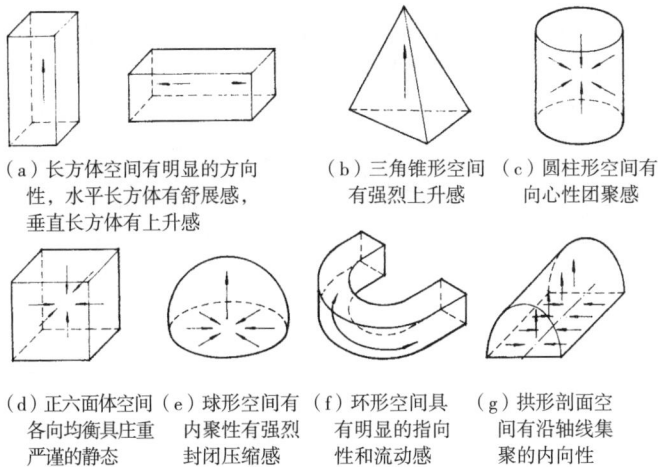

图 3-20　空间的形状与心理感受

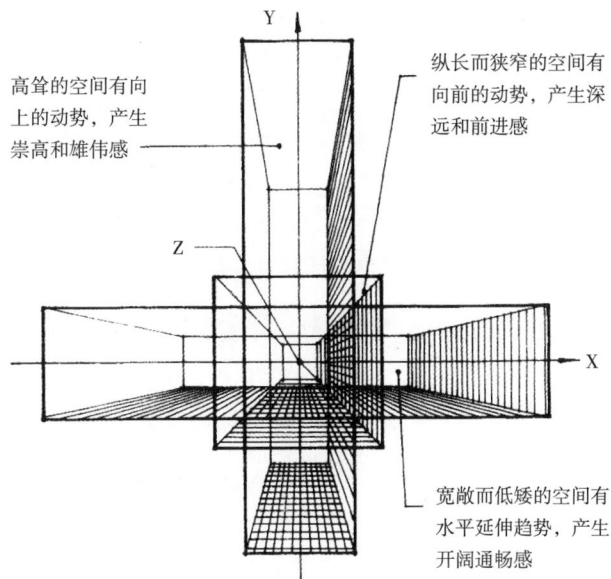

高耸的空间有向上的动势，产生崇高和雄伟感

纵长而狭窄的空间有向前的动势，产生深远和前进感

宽敞而低矮的空间有水平延伸趋势，产生开阔通畅感

图 3-21　空间的比例与空间感

① 底面加顶面。限定度较弱，但有一定的隐蔽感与覆盖感，在室内设计中，常常通过在局部悬吊一个格栅或一片吊顶来达到这种效果。

② 底面加顶面加一个垂直面。此时空间由开放走向封闭，但限定度仍然较低。

③ 底面加顶面加两个相交垂直面。当人们面朝垂直限定元素时，有一定的限定度与封闭感，而当人们背向角落时，则有一定的居中感。

④ 底面加顶面加两个相向垂直面。这种组合方式产生一种管状空间，空间沿两个开口端方向有流动感。当垂直限定元素长而连续时，则会产生很强的封闭性，隧道即为一例。

⑤ 底面加顶面加三个垂直面。当人们面向没有垂直限定元素的方向时，有很强的安定感。反之，则有很强的限定度与封闭感。

⑥ 底面加顶面加四个垂直面。这种方式给人以限定度高、空间封闭的感觉。

在实践中，正是由于限定元素组合方式的变化，加上各限定元素本身的特征不同，从而形成了一系列限定度各不相同的空间，创造出千变万化的空间效果，使呈现出来的设计作品丰富多彩。

3. 空间的形状、尺度和比例

空间的形状、尺度和比例是空间限定中必须考虑的重要因素。不同的形状、尺度、比例会对人的心理产生不同作用（图 3-20）。在进行空间限定时应处理好空间的长、宽、高三者的比例关系，协调好绝对尺度和相对尺度的关系（图 3-21）。

（四）空间的组织

在一些规模较大的室内设计项目中，常常需要根据不同的功能要求对原有的建筑空间进行再划分与再限定，通过划分和限定得到的一系列空间之间如何相互联系，这时便会涉及空间组织的问题。一般而言，不同空间之间的组织方式主要可以分为以下几种：以廊为主的组织方式、以厅为主的组织方式、嵌套式组织方式和以某一大型空间为主体的组织方式。这几种方式既各有特点，又经常综合使用，形成了丰富多样的空间效果（图 3-22 ～图 3-25）。

二、室内界面设计

室内界面主要指底界面、侧界面和顶界面，它们有各自的功能和结构特点。人们使用和感受室内空间，但通常直接看到甚至触摸到的则为界面实体。在具体的设计过程中，不同的阶段也可

以各具重点，例如在室内空间组织和平面布局基本确定之后，对界面实体的设计就显得更加突出。

室内界面的设计，既有造型和美观要求，也有功能技术要求；既包括界面的线形和色彩设计，又包括界面的材质选用和构造问题。此外，现代室内环境的界面设计还需要与室内的设施、设备进行周密的协调，例如界面与风管尺寸及出、回风口的位置安排，界面与嵌入式灯具或灯槽的设置，以及界面与消防喷淋、报警、通信、音响、监控等设施的接口等问题也都需要给予充分的重视。

室内界面的设计是影响空间造型和风格特点的重要因素，一定要结合空间特点，从环境的整体要求出发，综合考虑各种因素，创造美观宜人、安全实用、经济合理的内部空间环境。

（一）室内界面的要求与功能特点

在室内设计中，对于底面、侧面和顶面等各类界面，既要考虑它们之间的一些共同要求，又要注意它们在使用功能方面各自的特点。

1. 各类界面的共性要求

1）耐久性及使用期限；

2）耐燃及防火性能（在装饰材料上尽量采用不燃及难燃性材料，避免采用燃烧时释放大量浓烟及有害气体的材料）；

3）无毒，不发散有害气体；

4）无害的核定放射剂量（由于天然石材具有一定的放射剂量，对选用的天然石材，就必须

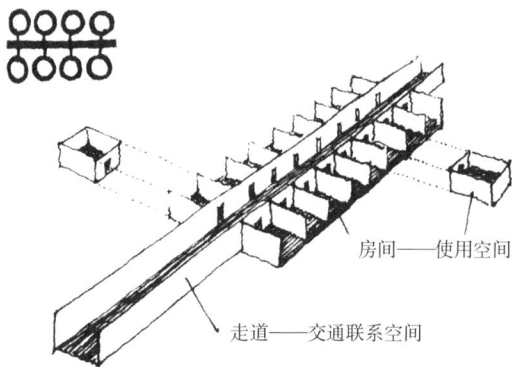

图 3-22　以廊为主的组织方式，使用空间与交通空间互相分离，常用于宾馆客房、办公楼、学校等建筑

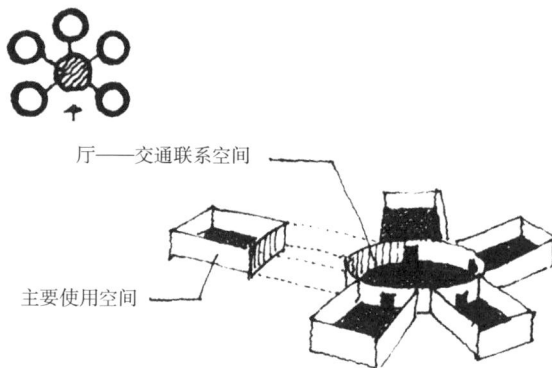

图 3-23　以厅为主的组织方式，厅起到人流分配和交通联系的作用，比较适合大量人流集散的公共场所，如火车站、图书馆

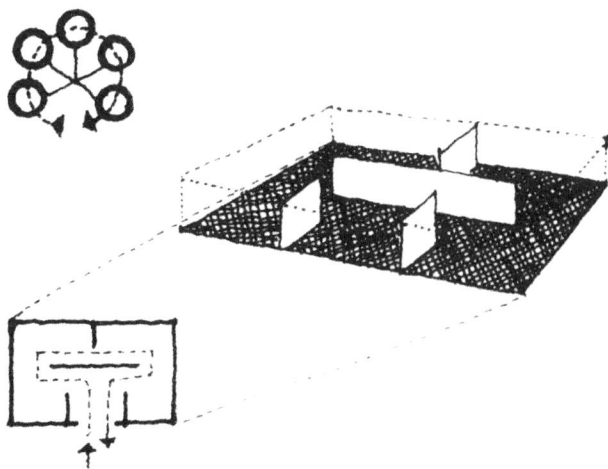

图 3-24　嵌套式组织方式，各部分空间之间相互贯通，常用于以展示功能为主的空间布局中

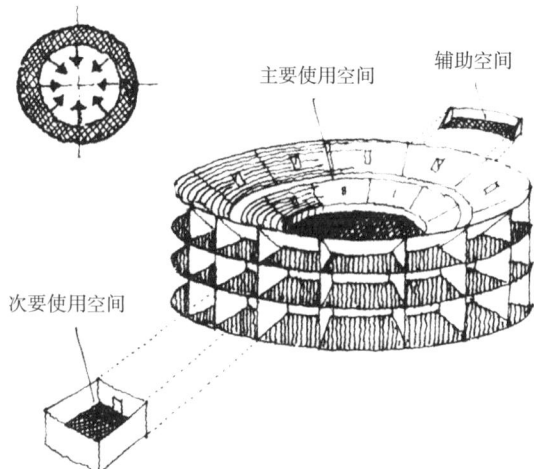

图 3-25　以大空间为主的组织方式，作为主体的空间往往是在功能上较为重要，在体量上也比较大的空间，是整个建筑的中心，如酒店的中庭、电影院的观众厅等

正确地核定与使用）；

　5）易于施工安装或加工制作，便于更新；

　6）必要的隔热保暖、隔声吸声、防潮防水性能；

　7）装饰及美观要求；

　8）相应的经济要求。

2. 各类界面的不同功能特点

1）底界面（楼地面）：耐磨，防滑，容易清洁，防止静电等；

2）侧界面（墙面、隔断）：阻挡视线，具有较高的隔声、吸声、保暖、隔热要求；

3）顶面（平顶、天棚）：质轻，光反射率高，具有较高的隔声、吸声、保暖、隔热要求。

为了便于分析与比较，从表 3-1 中能清晰地看出各类界面的功能要求。

表 3-1　　　　　　　　　各类界面的基本功能要求

基本功能要求	使用期限及耐久性	耐燃及防火性	无毒，不发散有害气体	核定允许的放射剂量	易于制作安装和施工	自重轻	耐磨耐腐蚀	防滑	易清洁	隔热保暖隔声吸声	防潮防水	光反射率
底界面	■	■	■	■	■	□	■	■	■	■	■	△
侧界面	□	■	■	■	■	□	□	△	□	■	□	□
顶界面	□	■	■	■	■	■	△	△	□	■	□	■

注：■ 较高要求；□ 一般要求；△ 较低要求或不要求。

（二）室内界面的处理及其感受

人们对室内环境气氛的感受通常是综合的、整体的，既有对空间形状的感受，也有对作为实体的界面的感受。不同的室内界面的处理方式会使人产生不同的感受。影响室内界面感受的主要因素包括：室内采光、照明、材料的质地和色彩、界面本身的形状、线脚和界面上的图案肌理等。有关室内采光、照明、色彩等内容本书将在下一节中介绍，本节将从界面材料、界面本身的形状、线脚和图案肌理等层面阐述界面设计的原则和要点。

1. 材料

材料是室内空间界面设计的载体，任何设计想法都需要通过材料的构筑来实现。材料的性能有很多，但是从造型和视觉效果的角度来看，其中最重要的性能大概当属质感。质感是人对材料的一种基本感觉，是人在视觉、触觉和感知心理的共同作用下，对材料所产生的一种主观感受。如何运用质感与如何运用材料是紧密联系在一起的。

（1）室内常用材料的特点与选用

室内设计中常用的材料按其质地可以分成硬质材料与软质材料，按其加工程度可分成精致材料与粗犷材料，按其种类则可大致分成天然材料与人工材料。天然材料由于本身具有自然的光泽、色彩和纹理，通常会给人朴实自然的感觉。在不影响天然材料特殊品质的原则下，有时也可以通过人工的方法将天然材料处理成具有某种新特点的形式，如平整光滑的花岗岩有细密整洁的感觉，带有斧痕的毛石有粗犷原始的感觉。在室内环境中，除了天然材料以外，实际上运用得更多的是人工材料。大部分人工材料都具有机械加工的美感，表面比较光滑细腻。合理运用人工材料，可以使室内充满理性优雅和含蓄有序的气氛。

无论哪种材料，都应该根据室内空间的整体需要，慎重选择，正确运用，才能和形、色等造型元素很好地相互结合，一起发挥出重要的作用。

随着建筑装饰材料业的飞速发展，如今在室内设计中运用的材料可谓日新月异，种类十分繁多，比较常用的材料如表 3-2 所示。

表 3-2 常用装饰材料的选用

材料名称	特点	常见的运用界面	常见适用的空间
大理石	纹理美观，易清洁，吸声差	底界面及侧界面	装饰要求较高的室内空间
花岗岩	纹理美观，易清洁，耐久耐磨，吸声差	底界面及侧界面	装饰要求较高的室内空间
水泥砂浆	价廉，美观性差	底界面	装饰要求很低的室内空间
水泥砂浆粉刷	价廉，美观性差	侧界面及顶界面	装饰要求很低的室内空间
现浇水磨石	色彩与花纹可设计，易清洁，防滑差，吸声差，施工复杂	底界面	装饰要求不太高的室内空间
预制水磨石	色彩与花纹可选择，易清洁，易施工，防滑及吸声差	底界面	装饰要求不太高的室内空间
内墙砖	色彩可选择，防火，耐酸，耐磨度强，易清洁	底界面	适用于各类室内空间，常用于厨房、卫生间、阳台等处
马赛克	色彩可选择，耐火，耐磨，易清洁	底界面、侧界面	装饰要求较低的室内空间或厨房、卫生间等处
木材	有纹理，手感好，易清洁，需作防火处理	底界面、顶界面、侧界面	各类室内空间
石膏（矿棉）板	防火性能好，便于施工	顶界面、侧界面	各类室内空间
矿面水泥板，硅钙板	防火性能好，便于施工	顶界面、侧界面	各类室内空间
镀塑铝合金板	防潮，防火，便于施工，耐久	顶界面	装饰要求较高的室内空间
涂料，油漆	色彩可选择，能清洁	侧界面、顶界面	各类室内空间
墙纸，墙布	色彩可选择，有纹样，高发泡类稍具吸声作用	侧界面、顶界面	人流量不大的内部空间
人造革及织物	色彩及纹理可选择，手感及吸声好，需作阻燃处理	侧界面、顶界面、家具	各类室内空间
地毯	色彩可选择，柔软，吸声好，需作阻燃处理	底界面、侧界面	各类室内空间
铸铁	纹样可选择，有稳重感	侧界面及各种花饰	装饰要求较高的室内空间
钢	现代感，需作防火处理	侧界面、顶界面	装饰要求较高的室内空间
不锈钢	有抛光、亚光两种，有现代感，耐腐蚀	侧界面及各种饰件，亦可用于舞池地面	装饰要求较高的室内空间
磨砂玻璃、压花玻璃、喷花玻璃	透光不透视，花纹可选择，不牢固	侧界面、顶界面	装饰要求较高的室内空间
玻璃砖	透光，绝热，隔声，耐火，耐酸，坚固	底界面、顶界面、侧界面	装饰要求较高的室内空间
镜面	能扩大室内空间感，吸声差	顶界面、侧界面	各类室内空间

（2）材料质感的特性

常见室内装饰材料的质感有以下特性。

1）粗糙与光滑

表面粗糙的材料，如石材、未加工的原木、粗砖、磨砂玻璃、长毛织物等；表面光滑的材料，如玻璃、抛光金属、釉面陶瓷、丝绸、有机玻璃等。由于质感粗犷的材料有"前趋感"，易造成空间的"收缩"，因此不宜用于狭小的空间内，反之质感细腻的材料则比较适合用于小型空间。

2）柔软与坚硬

棉麻、纤维织物等都有柔软的触感，如纯羊毛织物虽然可以织成光滑或粗糙的质地，但摸上去都有舒适的手感。坚硬的材料，如砖石、金属、玻璃等，耐用耐磨，不变形，线条挺拔。硬质材料多数有较好的光洁度与光泽。

3）冷与暖

质感的冷暖主要表现在身体的触觉和视觉感受两个方面。一般认为，人的皮肤直接接触的地方都要求选用柔软和温暖的材质；在视觉上的冷暖则主要取决于色彩的不同，即采用冷色系或暖色系。选用材料时应注意同时考虑这两方面的因素。

4）光泽与透明度

通过加工可以使材料具有良好的光泽，如抛光金属、玻璃、磨光花岗石、釉面砖等。通过镜面般光滑表面的反射，可以扩大室内空间感，同时还能映射出周围的环境色彩。有光泽的表面还有易于清洁的优点。

常见的透明、半透明材料有玻璃、有机玻璃、织物等。透明材料具有轻盈感，利用透明材料可以增加空间的广度和深度。

5）弹性

人们在草地上行走比走在混凝土路面上感觉舒适省力，这主要是由于弹性的反作用。弹性材料有泡沫塑料、泡沫橡胶、竹、藤，木材也有一定的弹性，特别是软木。

6）肌理

所谓肌理指的是材料表面的组织构造所呈现的视觉效果。材料的肌理包括自然纹理和工艺肌理（材料的加工过程所产生的肌理）。运用肌理可以丰富装饰效果，但室内表面肌理纹样过多或过分突出时，也会造成视觉上的混乱，这时应适当辅以均质材料作为背景。

（3）界面材料的搭配

室内界面的处理往往会用到一种以上的材料，在搭配界面材料时可采用以下手法。

1）同一种材质的组合，如木饰面表面，可以采用对缝、拼角、压线等手法，表现各个界面纹理的走向和纹理的变化（图3-26），也可以在重复使用同一材料的过程中，采用不同的排列方式，以形成独特的肌理效果（图3-27）。

2）相似质感材质的组合，如在一个室内空间中，同时运用不同纹理的木饰面，像樱桃木、枫木和水曲柳等，通过这些相似纹理的组合搭配，为空间增添变化的美感（图3-28）。

3）对比质感材质的组合，如木材与石材的组合搭配，有一种粗犷的效果，木材与金属的搭配，在强烈对比中充满现代气息等（图3-29）。

图3-26 同一材质的纹理变化

图3-27 瓦片的不同排列方式形成不同的肌理效果

图 3-28　运用不同纹理木质进行装饰，统一、和谐，且富有变化

图 3-29　木板与不锈钢冲孔板、黑色地砖与白色石子之间形成强烈对比

2. 界面的线形表现

界面的线形是指界面上的图案、界面边缘、交界处的线脚以及界面本身的形状。室内界面由于线形的不同划分、色彩深浅的不同配置、花饰大小的尺度各异以及采用各类不同材质，都会给人们以不同的视觉感受。

界面上的图案必须从属于室内环境整体的气氛要求，起到烘托、加强室内精神功能的作用。界面的边缘、不同材料的交接，它们的造型和构造处理，即所谓"收头"，通常以不同断面造型的线脚进行处理(图 3-30)。界面的形状常以结构构件、承重墙柱等为依托，以结构体系构成轮廓，形成不同的面，如平面、折面等不同形状的界面（图 3-31），也可根据室内使用功能对空间形状的需要，脱开结构层另行考虑，例如剧场、音乐厅的顶界面，靠近舞台部分往往需要根据几何声学的反射要求，做成反射的曲面或折面。除了结构体系和功能要求以外，界面的形状也可按所需的环境气氛设计。

3. 各类界面的设计要点

（1）底界面的装饰设计

室内空间底界面设计一般是指楼地面的装饰设计。

首先要根据空间的性质考虑使用上的要求，如人流量大的公共空间地面应具有足够的耐磨性和防滑性，厨卫空间的地面应有较高的防水、防滑、耐酸碱的能力等。

其次在线形设计方面，楼地面面积较大，其图案、质地、色彩可能给人留下深刻的印象，甚至影响整个空间的氛围，为此，必须慎重选择和调配。选择楼地面的图案要充分考虑空间的功能与性质。在没多少家具或家具只布置在周边的大厅、过厅中时，可选用中心比较突出的图案，并与顶棚造型和灯具相对应，以显示空间的庄重华贵（图 3-32）。在一些要布置较多家具或采用非对称布局的空间中，宜考虑选用一些网格形的图案或者弱化地面图案设计，以给人平和稳定的整体印象（图 3-33）。在现代室内设计中，还可以在内部空间中使用一些如大理石碎片、卵石、

图 3-30　界面不同材料相连接，可以利用吊顶、藏灯等手法来掩饰"收头"

图 3-31　运用三角形不锈钢板构成折面型的界面，赋予空间光怪陆离的感觉

图 3-32　地面与天花的对应设计

图 3-33　地面处理简洁，衬托了造型多样、色彩各异的家具

图 3-34 室内地面运用石板、卵石、木板等室外材料，配以藤质家具，营造出庭院气氛

图 3-35 温州博物馆内的大型浮雕与淡雅的室内风格十分协调，烘托了空间的整体文化氛围

广场砖及凿毛的石板等室外地面材料，形成类似街道、广场、庭院的空间，营造一种朴实、自然的情调（图 3-34）。

楼地面的装饰材料种类很多，有水泥地面、水磨石地面、陶瓷砖地面、天然石材地面、木地面、橡胶地面、油漆地面、玻璃地面和地毯等。

（2）侧界面的装饰设计

侧界面又称垂直界面，一般面积较大，距人较近，又常有壁画、雕刻、挂毡、挂画等壁饰，因此侧界面装饰设计除了要遵循界面设计的一般原则外，还应充分考虑侧界面的特点，在造型、选材等方面进行认真推敲，全面考虑使用要求和艺术要求，充分体现设计的意图。

首先，从使用上看，侧界面可能会有防潮、防火、隔声、吸声等要求，在使用人数较多的大空间内还要使侧界面下半部坚固耐碰，便于清洗，不致被人、车、家具弄脏或撞坏。

其次，侧界面是家具、陈设和各种壁饰的背景，要注意发挥其衬托作用。如有大型壁画、浮雕或艺术挂毯，应注意其与侧界面的协调，保证总体格调的统一（图 3-35）。

再次，要注意侧界面的虚实程度，有时可能是完全封闭的，有时可能是半隔半透的，有时则可能是基本通透的（图 3-36）。要注意空间之间的关系以及内部空间与外部空间的关系，做到该隔则隔、该透则透，尤其要注意吸纳室外的景色。

另外，侧界面还是室内空间展现空间的民族性、地方性与时代性的主要区域，与其他要素一起综合反映空间的特色（图 3-37 和图 3-38）。

（3）顶界面的装饰设计

顶界面即空间的顶部。在楼板下面直接用喷、涂等方法进行装饰的顶面称平顶，在楼板之下另作新顶面的称吊顶或顶棚，平顶和吊顶又统称天花。

顶界面设计首先要考虑空间功能的要求，特别是照明和声学方面的要求，这在剧场、电影院、音乐厅、美术馆、博物馆等建筑中十分重要（图 3-39）。

其次，顶界面处理要注意体现建筑技术与建筑艺术统一的原则，顶界面的梁架不一定都要用吊顶封起来，如果组织得好，修饰得当，不仅可以节省空间和投资，还能够取得意想不到的艺术效果（图 3-40）。

此外，顶界面上的灯具、通风口、扬声器和自动喷淋、烟感器等设施也应该纳入设计的范围（图 3-41）。要特别注意灯具的配置，因为它们的形式既可以影响空间的体量感和比例关系，灯光照明又能使空间具有或豪华、或朴实、或平和、或活跃的不同气氛。

图 3-36 半透明的纱帘明确限定了空间的边界，但又使空间隔而不断

图 3-37 中国传统风格的侧界面，借用传统的建筑符号和园林框景的手法，墙面装饰寓意吉祥的图案

图 3-38 西方古典风格的侧界面，采用古典柱式、拱券、铁艺栏杆等元素表现华丽优雅的气氛

图 3-40 某汽车展厅内景，天花采用露明设计，结构、管道喷涂黑蓝色乳胶漆，只在局部作波浪形压型钢板吊顶，使空间充满现代感

图 3-39 柏林音乐厅天花的处理

图 3-41 利用天花的层次处理将通风口、照明等设备统一成一个整体

三、室内照明设计

室内照明是现代室内设计的重要内容，是创造功能合理、舒适、美观、安全、卫生、便捷、健康、符合人的生活要求和心理需求的室内环境所不可缺少的手段。良好的室内照明可以为使用者提供舒适的视觉条件，创造良好的空间氛围，参与空间组织，体现环境特色。

1. 照明设计的基本知识

（1）光通量

光通量指人眼所能感觉到的辐射能量，用来表示光源发出光能的多少，它是光源的一个基本参数，单位是流明（lm）。

（2）光强

发光强度简称光强，是指光源在指定方向的单位立体角内发出的光通量，也就是光通量的空间密度，单位是坎德拉（cd）。

（3）亮度

亮度是指发光体在视线方向单位面积上的发光强度，单位是坎德拉/平方米（cd/m^2），也称尼特（nt）。在光度单位中，亮度是唯一能直接引起眼睛视感觉的量。亮度通常是人们的一种主观评价，与被照面的反射率有关。

（4）照度

照度是指光源落在被照面上的光通量，也就是光通量的平面密度，单位是流明/平方米（lm/m^2），也称勒克斯（lx）。照明和采光标准中，常用照度来衡量照明和采光质量的优劣。

（5）光色

光色即光的颜色，又称色表，可用色温（单位：K）来描述。光色能够影响环境的气氛，如含红光较多的"暖"色光（低色温）能使环境有温暖感；含"冷"色光较多的（高色温）环境，能使人感到凉爽等。

灯光的色温分三个区域：色温 <3300 K 的为暖色，色温在 3300 ~ 5300 K 之间的为中间色，色温 >5300 K 的为冷色。不同的色温光源适用于不同的功能场所（表3-3）。选择光源的色温，应该参照照度的高低。照度高时，色温也要高；照度低时，色温也要低。否则，照度高而色温低，会使人感到闷热；照度低而色温高，会使人感到惨淡甚至阴森。

表 3-3　　　　　　　　　　　功能场所与色温、光源色

房间功能	色温 /K	光源色
起居、休闲	小于 3300	暖色、偏黄
阅读、工作	3300 ~ 5300	中间色
自然光补充	大于 5300	冷色、偏蓝

（6）显色性

光源色对物体颜色呈现的真实程度称为显色性，用显色指数（Ra）表示。最大值为100，此值越高，表示显色性越好。一般 Ra 在 80 以上显色性为优良，79 ~ 50 显色性为一般，小于 50 显色性为最差。对住宅来说，显色性指数最好在 80 以上。不同的显色性适用于不同的功能场所（表3-4）。

表 3-4　　　　　　　　　　　房间功能与显色指数

房间功能	显色指数
绘图、展示等，辨色要求高	大于 80
起居、工作等，辨色要求较高	60 ~ 80
交通等，辨色要求一般	40 ~ 60
储藏等，辨色要求低	小于 40

2. 光源的类型

光源类型分为自然光和人工光源。人工光源的发光方式大致有三类，分别为热辐射、气体放电和固体发光，与之相对应的灯具也有以下三类（表3-5和表3-6）。

表 3-5   **发光方式与光源**

发光方式	热辐射	气体放电	固体发光
自然光	太阳	闪电	生物发光
人工照明	火焰 白炽灯 玻璃反射灯 卤素灯	荧光灯 紧凑型荧光灯 高压钠灯 低压钠灯 汞灯 金属卤化物灯 霓虹灯 激光	无极感应灯 微波硫灯 发光二极管

表 3-6   **光源种类与色温、显色性**

光源种类	色温 /K	显色性
白炽灯	2800	100
卤素灯	2950	100
暖白色荧光灯	3500	59
冷白色荧光灯	4200	98
日光色荧光灯	6250	77
低压钠灯	1800	48
高压钠灯	1950	27
汞灯	3450	45
金属卤化物灯	5000	70

3. 室内照明的方式

室内照明的方式可按基本功能分类，也可按配光方式分类。

（1）按基本功能分类

1）一般照明

一般照明也叫整体照明，是一种为照亮整个空间场所而设置的照明。其特点是光线分布均匀，空间场所显得宽敞明亮（图3-42）。

2）局部照明

局部照明也叫重点照明。特点是光线相对集中，是对整体照明的补充，目的是凸显被照物体的特色，取得艺术效果和环境氛围（图3-43）。

3）混合照明

一般照明和局部照明相结合就是混合照明。常见的混合照明其实就是在一般照明的基础上，为需要提供更多光照的区域或景物增设强调它们的照明。混合照明应用极为广泛（图3-44）。

4）装饰照明

装饰照明的主要目的不是提供照度，而是增加环境的装饰性。用作装饰照明的灯具可以是一般灯具，也可以是霓虹灯。它能够组成多种图案，显示多种颜色，甚至闪烁和跳动（图3-45）。

此外根据功能需要还有标志照明、安全照明、应急照明等照明类型，主要用于公共建筑的各类空间中，起到指示、引导、提醒、警示等作用。

（2）按配光方式分类

按照灯具光通量在上下分配的比例可将照明方式分为五大类。

1）直接照明

90% ~ 100% 的灯光直接照射被照物体，这种照明方式具有光线亮度大、集中和突出被照物的特点，但易产生眩光，常用于展示、商业及餐饮等性质的空间环境（图3-46）。

2）半直接照明

60% ~ 90% 的光线直接照射被照物体，其余光线则经过半透明的灯罩散射于四周，光线柔和不刺眼，多用于家居客厅、卧室（图3-47）。

图3-42 天花上均匀设置的筒灯为大堂空间提供了整体照明

图3-43 在橱窗里设置灯光为陈设品提供重点照明

图3-44 整体照明与重点照明的结合

图 3-45 分隔墙面内设置的灯光为装饰照明

图 3-46 吊顶规则布置的筒灯既提供了直接照明同时也装饰了空间

图 3-47 半直接照明营造出柔和宁静的气氛

3）间接照明

把 90% ~ 100% 的光射向顶棚、墙面或其他表面，经过反射投向四周空间，其特点是光线柔和，缺点是光通量的损失较大（图 3-48）。

4）半间接照明

特点与半直接照明相反，60% 以上的光射向顶棚和墙面形成反射，而 40% 以下的光线经过灯罩向下直接照于工作面。其特点是亮度均匀，阴影不明显（图 3-49）。

5）漫射照明

射到所有方向的灯光大体相等，该照明方式给人柔和温馨的感觉（图 3-50）。

4. 室内照明的基本原则

室内照明设计的关键在于设计者通过对设计环境的整体把握，综合利用技术和艺术手段，创造出一个满足实用功能和人的心理需求的室内照明环境。

（1）最大限度地采用自然光

与人造光相比自然光更加舒适，在必须使用人工光时，尽量选用节能型灯具，同时确保照明方式符合视觉和人体工学要求。

（2）在满足照度的前提下，利用灯光营造空间气氛

室内照明设计首先要保证不同室内空间的照度要求，让人感觉舒适并且能清晰地看到室内的物体。在此基础之

图 3-48　天花上的暗藏灯带属于典型的间接照明

图 3-49　壁灯的半间接照明效果使空间充满温馨雅致的感觉

图 3-50　漫射型照明与空间装饰有机结合

图 3-51　酒吧空间的照明主次分明

上，通过选择恰当的照明方式，调节光源的强度、色调、角度等，营造空间气氛。

（3）合理运用对比手法

对比手法在设计中尤为重要，在照明设计中可以根据不同功能区的要求和艺术效果的设想利用主次对比、冷暖对比、明暗对比等手法，加强空间感与立体感，赋予室内环境趣味性和生动性（图 3-51）。

（4）注意灯具的外观造型

在室内空间中灯具不仅起到照明作用，还有较强的装饰性。按照安装方式可将灯具分为吸顶灯、吊灯、壁灯、台灯、落地灯、镶嵌灯和投光灯等类型。每类灯具的造型都丰富多彩，在照明设计时应根据空间的尺度、整体风格、环境氛围等具体情况选择或设计合适的灯具（图 3-52）。

四、室内色彩设计

色彩是室内环境的另一重要元素，虽然色彩的存在离不开具体的物体，但它却具有比形态、材质、体量更强的视觉感染力，视觉效果更直接。许

图 3-52　精致复古风格的吊灯与古典风格的室内空间十分协调

多室内环境在建筑形体界面、家具陈设既定的情况下，通过色彩变化产生的各种色彩形象能烘托出不同的空间气氛和情调，显示不同的性格与风格，还能对人的生理、心理产生作用。

1. 色彩的基本知识

（1）色彩的三要素

色相、明度和彩度即所谓的色彩三要素。

色相即色别，也就是不同色彩的面目，它反映不同色彩各自具有的品格，并以此区别各种色彩。我们平常所说的红、橙、黄、绿、青、蓝、紫等色彩名称，就是色相的标志。

明度即色彩的明暗程度。它的具体含义有两点：一是不同色相的明暗程度是不同的。光谱中的各种色彩，以黄色的明度为最高。由黄色向两端发展，明度逐渐减弱，以紫色的明度为最低。二是同一色相的色彩，由于受光强弱不一样，明度也不同，如同为绿色，就有明绿、正绿、暗绿等区别，同为红色，则有浅红、淡红、暗红、灰红等层次。

彩度又称纯度或饱和度，指颜色的纯粹程度。

（2）色彩的调配

从色彩调配的角度，可把色彩分为原色、间色和复色。

原色：物体的颜色是多种多样的，除极少数颜色外，大多数颜色都能用红、黄、青三种色彩调配出来。但是，这三种色却不能用其他颜色来调配，因此，人们就把红、黄、青三种色称为原色或第一次色。

间色：由两种原色调配而成的颜色称为间色或第二次色，共三种，即：橙＝红＋黄；绿＝黄＋青；紫＝红＋青。

复色：由两种间色调配而成的颜色称为复色或第三次色，主要复色也有三种，即：橙绿＝橙＋绿；橙紫＝橙＋紫；紫绿＝紫＋绿。与间色和原色相比较，复色含有灰的因素，所以较混浊。

补色：一种原色与另外两种原色调成的间色互称补色或对比色，如：红与绿（黄＋青）；黄与紫（红＋青）；青与橙（红＋黄）。补色表现出一定的暖冷、明暗的对比性，相互排斥，对比强烈，能够取得活泼、跳跃等效果。

2. 色彩的感觉

研究发现，色彩和形体一样也具有引起人们各种感情的作用。在室内设计中有必要巧妙地利用色彩的感情效果来塑造空间，营造气氛。

（1）色彩的冷暖感

色彩本身是没有温度的，但是由于人们根据自身的生活经验所产生的联想，赋予了色彩能带给人的冷暖感觉。有的色彩使人感到温暖（暖色），有的色彩使人感到寒冷（冷色），这主要是由色相引起的感觉。如红色、黄色、橘红色等属于暖色，看到这些颜色，人们会联想到阳光、火焰、暖和、炎热。而蓝色、青绿色和蓝紫色属于冷色，看到这些颜色，人们通常会联想到夜空、寒冬、大海、绿茵、凉爽、冷静。绿色和紫色属于中性色，以其明度和彩度的高低而产生冷暖表情的变化。无彩色系中，白色偏冷，黑色偏暖，灰色为中性。

（2）色彩的兴奋感和沉着感

一般而言，红、橙、黄的刺激性强烈，给人以兴奋感，因此成为兴奋色；蓝、青绿、蓝紫的刺激性弱，给人以沉静感，绿色和紫色属于中性色，是不易让人感到视觉疲劳的色彩。

（3）色彩的轻重感

色彩的轻重感取决于色彩的明暗程度。一般来说，高明度色有轻感，低明度色有重感。如两个一模一样的箱子，一个涂上白色，一个涂上黑色，涂白色的箱子比涂黑色的箱子感觉要轻得多。

（4）色彩的软硬感

这是由色彩的明度和彩度所引起的。明度高、彩度低的色彩产生柔软感，而明度低、彩度高的色彩给人以坚硬感。白与黑有坚硬感，灰色则有柔软的感觉。

（5）色彩的距离感

在同一视距条件下，明亮色、鲜艳色和暖色有向前的感觉，而暗色、灰色、冷色有后退的感觉。

（6）色彩的象征

由于文化背景的影响，色彩还具有一定的象征意义。例如在我国明代，色彩象征着人们的地位，黄色琉璃瓦只能用于宫殿，绿色可用于亲王，违者要受到严究。此外，同一色彩在不同的文化背景中对于不同的民族而言有时会产生不同的象征意义，例如在西方人眼中纯洁的白色，在中国表达的却是悲哀、丧葬的意义。

3. 室内空间的色彩设计

室内色彩设计能否取得令人满意的结果，在于正确处理各种色彩之间的关系，其中最关键的问题是解决协调与对比的问题。处理室内色彩关系的一般原则是"大调和，小对比"，即环境的总体要讲调和，小的色块与大的色块要讲对比。

（1）室内色彩的设计方法

室内环境一般情况下总是由多种色彩组成的，这些色彩通常可以被分解为背景色、主体色和强调色三大类。

背景色通常用在室内大面积的部位，如天花、墙壁、地面，起背景烘托作用，宜采用高明度、低彩度色或中性色；主体色用在中等面积的部位，如家具、门窗、大幅面软装饰等，体现室内情调，宜采用高彩度、中明度、较有分量的色彩；强调色用于小面积的部位，如陈设，发挥强调的效果，可采用最突出的、对比强烈的色彩（图3-53）。

在实际应用中，这三种色调的区分也不是一成不变的，有时主体色可以与背景色合而为一，有时主体色可以与强调色统一，应视具体情况具体要求灵活掌握。

（2）室内环境的配色方法

1）单色相配色法

这种方法指的是室内空间采用某一色相为主色调。单色调可以取得宁静、安详的效果，并具有良好的空间感以及为室内的陈设提供良好的背景。在单色调中应特别注意通过明度及彩度的变化加强对比，并用不同的质地、图案及家具形状来丰富整个室内。单色调中也可以适当加入无彩色作为必要的调剂（图3-54）。

2）类似色配色法

类似色配色法是最容易掌握的一种方法。这种方法指的是选择两三种在色环上互相接近的颜色，比如黄、橙、橙红、蓝、蓝紫、紫等，并通过其明度与彩度的配合，使室内产生一种统一中富有变化的效果（图3-55）。

3）对比色配色法

这种方法指的是选择一组对比色，充分发挥其对比效果，并通过明度与彩度的调节以及面积的调整而获得对比

图3-53 背景色采用白色，红色多功能展示架成为点缀

图3-54 不同明度和纯度的蓝色使居室空间清新而不失活泼

图3-55 暖色的灯光与暖色的室内装饰用材营造了一个极具诱惑力的休憩场所

图 3-57　皮革、金属、织物等材质的变化使单色调的居室更具现代时尚感

图 3-56　三原色的强烈对比使空间更加清爽简练

图 3-58　机制空心砖砌成的低矮隔断、水泥地面上留下揭去地砖的纹理、未作处理的墙面和藤制家具共同构成了质朴粗犷的空间风格

鲜明而又和谐的效果。如果加入无彩色或过渡色，还可以取得更为和谐统一的效果（图 3-56 ）。

色彩是一种成本最低廉的设计手法，通过色彩的合理搭配巧妙组合，使室内色彩达到多样统一，能创造出神奇的室内环境效果。

4. 室内色彩设计应注意的问题

（1）充分考虑空间的功能和性质

在设计室内色彩之前应深入了解空间的功能、空间的大小和形式、空间的方位、空间使用者的类别、使用者在空间内的活动及其使用时间、该空间所处的位置与环境色的情况等，只有在符合这些功能要求的原则下，才能充分发挥色彩在空间中的作用。

（2）密切结合建筑材料

配置室内色彩不同于作画，不能离开界面、家具、陈设的材料。一方面可以将同一色彩用于不同质感的材料，使人们在统一之中感受到变化，在总体协调的前提下感受到微细的差别（图 3-57 ）；另一方面，应充分运用材料的本色，减少雕琢感，使色彩关系更具自然美。例如在我国民居和园林建筑中，常用不加粉饰的竹子、藤条、原木、青砖、石板、瓦片等作装饰，格调清新，其经验直到今天仍为广大室内设计师所借鉴（图 3-58 ）。

（3）关注民族、地区特点和气候条件

色彩设计的基本规律是以多数人的审美要求为依据，经过长期实践总结出来的，但是，对于不同的人种和民族来说，由于地理环境不同，历史沿革不同，文化传统不同，审美要求不同，使用色彩的习惯又往往存在较大的差异。例如朝鲜族能歌善舞，性格开朗，喜欢轻盈、文静、明快的色彩和纯白色，藏族由于身处白雪皑皑的自然环境和受到宗教活动的影响，多以浓重的颜色和对比色装点服饰和建筑。因此进行室内色彩设计，既要掌握一般规律，又要了解不同人种和民族的特殊习俗。

气候条件对色彩设计也有很大的制约作用。我国南方多用较淡或偏冷的色调，在北方则可多用偏暖的颜色。潮湿、多雨的地区，色彩明度可以稍高；寒冷干燥的地区，色彩明度可以稍低。同一地区不同朝向的室内色彩也应有区别，朝阳的房间色彩可以偏冷，阴面的房间色彩应暖些。

五、室内家具设计

家具是人们生活、工作的必需品。人们的大部分活动，都离不开家具的依托，而且家具在室内外空间中占有很大比例，对环境效果起着重要作用。

1. 家具的发展与风格特征

家具发展与科技、艺术密不可分，家具作为建筑室内空间的组成部分，往往与建筑的发展同步。在家具的发展史上经历了一轮又一轮的设计运动和风格流派的演绎、更迭。对于室内设计中的家具设计而言，了解家具发展历史背景及其表现风格，有助于正确处理家具与空间的关系。

（1）中国传统家具

根据象形文、甲骨文和商、周代铜器的装饰纹样推测，当时已产生了几、榻、桌、案、箱柜的雏形。从商周到秦汉时期，由于人们以席地跪坐方式为主，因此家具都较矮（图3-59）。魏晋南北朝时期家具型制发生了变化，家具开始由低向高发展，出现了高型坐具，这是中国家具史上一个重要的转折标志（图3-60）。到隋唐时期，随着人们的习惯逐渐由席地而坐过渡到垂足而坐，家具尺度进一步增高。但席地而坐的习惯同时存在，于是出现了高、低家具并用的局面，家具设计也已趋于合理、实用，尺度与人体的比例相协调。唐代已出现了定型的长桌、方凳，直至五代，我国家具在类型上已基本完善。到了宋辽金时期，高型家具已经普及，家具造型轻巧，线脚处理细腻丰富。北宋大建筑学家李诫的巨著——《营造法式》对家具结构形式的影响巨大，把建筑中的梁、枋、柱等运用到家具中来（图3-61）。元代在宋代家具的基础上又有所发展。

明清家具代表了我国家具艺术发展的最高成就，特别是造型艺术达到很高水平，形成我国传统家具的独特风格。明式家具以其重视人体舒适度、形式简洁、构造科学、比例适度、线条优美、重视天然材质纹理、色泽的表现而著称于世（图3-62）。清代家具在明式家具构造的基础上，加入大量的雕花及镶嵌装饰，形式趋于华丽、繁复，且忽视了家具结构的合理性和人体的舒适度（图3-63）。

图3-59　东汉墓室壁画"夫妇宴饮图"中汉的榻几

图3-60　魏晋南北朝时期家具开始由低向高发展，出现了在台基上搭木架再铺板及席的家具形式

图 3-61　宋代家具

图 3-62　明式家具

图 3-63　清代家具

（2）西方古典家具

古埃及、古希腊、古罗马时期的家具（约公元前 16 世纪至公元 5 世纪）有桌椅、折凳、榻、橱柜等，坐椅四腿大多采用动物腿形，显得粗壮有力。家具上往往雕刻精美的人物和动植物纹样，显得特别华丽（图 3-64）。

哥特式家具由哥特式建筑风格演变而来，以高耸、瘦长造型及哥特式尖拱的花饰和浅浮雕形式为装饰主体，强调垂直线条（图 3-65）。

文艺复兴时期的家具在哥特式家具的基础上，吸收了古希腊和罗马家具的特长。在风格上，一反中世纪家具封闭沉闷的态势；在装饰题材上，消除了宗教色彩，显示出更多的人情味；镶嵌技术更为成熟，还借鉴了不少建筑装饰的要素，箱柜类家具有檐板、檐柱和台座，并常用涡形花纹和花瓶式的旋木柱（图 3-66）。

巴洛克家具完全模仿建筑造型的做法，习惯使用流动的线条，使家具的靠背面成为曲面，使腿部呈 S 形。巴洛克家具还采用花样繁多的装饰，如雕刻、贴金、涂漆、镶嵌象牙等，在坐卧家具上还大量使用纺织品作蒙面（图 3-67）。

洛可可家具是在巴洛克家具的基础上发展起来的。它吸收并发展了巴洛克家具曲面、曲线形成的流动感。它以复杂多变的线形模仿贝壳和岩石，在造型方面更显纤细和花哨，且不强调对称、均衡等规律。洛可可家具以青白两色为基调，在此基调上饰以石膏浮雕、彩绘、涂金或贴金（图 3-68）。中国风格的流行也是这个时期的特色。

新古典风格的家具也称路易十六式家具，这种风格抛弃了路易十五式家具的曲线结构和虚伪装饰，以直线代替了曲线，以对称结构代替了非对称结构，以简洁明快的装饰纹样代替了繁琐隐晦的装饰，造型设计中将重点置于结构本体上，而不在家具的饰面上（图 3-69）。

（3）现代家具

从 19 世纪末至今，现代家具的崛起使家具设计飞速发展。设计者研究人们的行为活动特征，研究现代人的生活新变化，并开始了对新材料及新工艺的探索。现代家具设计把家具的功能性作为设计的主要因素；注重利用现代生产工艺和新材料，适合工业化大生产的要求；充分发挥材料本身的特性及其构造特点，展示材料固有的本色（图 3-70）。

图 3-64　古希腊图坦卡蒙王座

图 3-65　14 世纪中期的国王银宝座

图 3-66　文艺复兴时期的意大利影木镶嵌衣柜

图 3-67　凡赛尔宫中的雕刻镀金椅

图 3-68　洛可可风格的家具

图 3-69　1775 年的路易十六式涂金扶手椅，充分表现了纤秀优雅的特点

图 3-70　巴塞罗那椅是包豪斯家具的一个典型代表，它造型新颖简洁，时代感很强，尤其是呈 X 形优美曲线的椅腿和两块长方形皮垫组成的靠背与坐垫的处理，更显美观和谐

第二次世界大战后，新家具的创作阵地转移到了美国。美国先后出现了许多著名的家具设计师。除此以外，北欧诸国结合本地区的材料并利用传统木工技术特点，采用胶合板、合成材料等新材料，创造出符合观念、做工细腻、造型优雅、色泽淡雅而美观实用的北欧风格家具，成为世界家具设计历史的另一个高峰。

1965年以后，意大利家具界异军突起。它另辟蹊径，以更具可塑性、更便宜、色彩更加丰富的"塑胶"为家具材料，再以意大利传统的艺术造诣和天才气质而成为世界家具界的领头羊（图3-71）。

20世纪70年代，家具的设计进一步切合工业化生产的特点，组合家具、成套办公家具成了这一时期的代表作。

20世纪80年代后，家具设计风格多样，出现了多元并存的局面。高科技派着力表现工业技术的新成就，以简洁的造型、裸露材料和结构等手法表现所谓的"工业美"（图3-72）。新古典主义又称形式主义，则注重象征性的装饰，表达对古典美的怀恋之情。也是在这个时期，仿生家具、宇宙风格等家具纷纷问世。

2. 家具的分类

室内家具的类型丰富，但都与人的各种活动密切相关，通常按其使用功能可分为如下几类。

坐卧类——支持整个人体的椅、凳、沙发、卧具、躺椅、床等。

凭倚类——进行各类操作活动的桌子、茶几、操作台等。

贮存类——作为存放物品用的橱柜、货架、搁板等。

展示类——陈列展示用的陈列柜、陈列架、陈列台等。

此外，还可以按制作材料分为木制家具、藤家具、竹家具、金属家具、塑料家具等类型；按构造体系分为框式家具、板式家具、注塑家具、充气家具等类型。

3. 家具在室内环境中的作用

（1）明确使用功能，识别空间性质

家具是空间性质最直接的表达者，家具的类型及其布置形式能充分反映出空间的使用目的、等级以及使用者的喜好、地位、经济条件等特征。

（2）利用空间、组织空间

家具常常成为分隔空间的一种手段，既可提高空间的使用效率，丰富空间层次，提升空间的趣味性，又可减轻建筑物自身的荷载，而且方便灵活，能适应不同的功能要求（图3-73）。

（3）塑造艺术风格

由于家具在室内空间所占比例较大，体量突出，因此而成为塑造室内空间的重要因素。而家具和建筑一样，受到各种艺术思潮的影响，其风格也总是处在变化之中，因此家具的设计和布置需要与整体环境设计协调一致（图3-74）。

图3-71　意大利充气沙发

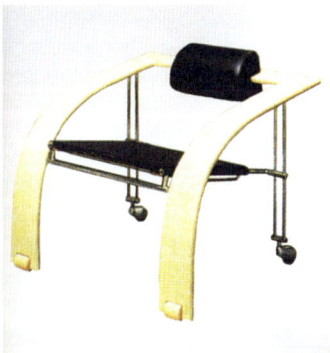

图3-72　轻便椅，采用金属、皮革、木材等材料制作，结合直线和曲线塑造椅身，现代感极强

图3-73　两组不同的家具限定出不同的就餐空间

图 3-74 仿古家具与室内界面、陈设的风格协调一致

图 3-75 会客厅运用对称式的手法布置家具，较庄重与稳定

图 3-76 自由布局的家具为室内增添了活力

4. 家具的选配

室内设计师应该具备家具设计的知识和能力，但室内设计师毕竟不都是家具设计师，故其主要任务往往不是直接设计家具，而是从环境总体要求出发，对家具的尺寸、风格、色彩等提出要求，或直接选用现成家具，并就家具的布局提出具体的意见。

（1）确定类型和数量

室内家具的多少，要根据使用要求和空间大小来决定，在诸如教室、观众厅等空间中，家具的多少是严格按学生和观众的数量决定的，家具尺寸、行距、排距在相关规范中都有明确的规定。在一般房间，如卧室、客房、门厅中，则应适当控制家具的类型和数量，在满足基本功能要求的前提下，尽量留出较多的空地，以免给人以拥挤不堪、杂乱无章的印象。

（2）选择合适的款式和风格

家具款式不断翻新，在选择家具款式时，应把适用放在第一位考虑，注重使用效率和经济效益。而风格的选择则取决于室内环境整体风格的确定，应把握住整体协调的原则。

（3）确定合适的格局

格局问题的实质是构图问题。总的说来，陈设格局可分规则式和不规则式两大类。规则式多表现为对称式，特点是有明显的轴线，严肃、庄重，因此，常用于会议厅、接待厅和宴会厅，主要家具大多围成圆形、方形、矩形或马蹄形（图 3-75）。

不规则式的特点是不对称，没有明显的轴线，气氛自由、活泼、富于变化，因此，常用于休息室、起居室、活动室等。这种格局在现代建筑中最常见，因为它随和、新颖，更适合现代生活的要求（图 3-76）。

不论采取哪种格局，家具布置都应符合有散有聚、有主有次的原则。一般来说，空间小时，宜聚不宜散；空间大时，宜适当分散，但一定要分主次。在设计实践中，可以以某件家具为中心，围绕这个中心布置另外的家具，也可以把家具分成若干组，使各组之间符合聚散主次的原则。

5. 家具布置的基本方法

家具的布置，实际上是在规范和影响人们的行为和相互关系，同时还可以强化空间的私密感、安全感和领域感。

（1）周边式

家具沿四周墙布置，留出中间空间位置，空间相对集中，易于组织交通，便于布置中心陈设（图3-77）。

（2）岛式

将家具布置在室内中心部位，留出周边空间，强调家具的中心地位，显示其重要性和独立性，周边的交通活动不会影响中心区（图3-78）。

（3）单边式

将家具集中在一侧，留出另一侧空间（常成为走道）。动静分区明确，干扰小，线性交通。当交通线布置在房间的短边时，交通面积最节省（图3-79）。

（4）走道式

将家具布置在室内两侧，中间留出通道，节省交通面积，但交通对两侧都有影响（图3-80）。

图3-77　周边式布局

图3-78　岛式布局

图3-79　单边式布局

图3-80 走道式布局

图3-81 用佛像装点的空间显得静谧安详，基座和铺地的图案采用中国传统的纹样，更好地衬托了艺术品

图3-82 富有个性的沙发为空间添色不少

六、室内陈设设计

室内陈设设计就是对包括家具、电器、灯具、艺术品、绿色植物、织物等陈设品的选择与布置。它是对室内设计创意的完善和深化，其宗旨就是创造一种更加合理、舒适、美观的室内环境。室内陈设的目的和意义，在于它能够表达一定的思想内涵和精神文化。它对室内空间形象的塑造、气氛的表达、环境的渲染起着其他物质功能所无法代替的作用。

从广义上讲，室内空间中除了围护空间的建筑界面以及建筑构件外，一切实用或非实用的可供观赏和陈列的物品，都可以作为室内陈设品。需要指出的是，家具是室内陈设的重要组成部分，但因其体系庞大，地位显著，在本书中已作专题阐述，这一节将集中介绍家具以外的陈设。

1．室内陈设的分类

室内陈设种类繁多，根据性质可大略分为四大类。

（1）纯观赏性物品

主要指不具备实用功能，但具有审美和装饰的作用，或具有文化和历史意义的物品，如艺术品、高档工艺品、绿色观赏植物等（图3-81）。

（2）实用性与观赏性为一体的物品

指既有特定的实用价值，又有良好的装饰效果的物品，如家具、家电、器皿、织物、书籍等（图3-82）。

（3）因时空的改变而发生功能改变的物品

指原先具有实用功能的物品，随时间推移或地域改变，其实用功能已丧失，同时审美和文化价值得到提升，如古代服饰、建筑构件等（图3-83）。

（4）原先无审美功能的、经艺术处理后成为陈设品的物品

如干枯的树枝经过处理后变成了装点气氛的陈设品（图3-84）。

2. 室内陈设设计的作用

室内陈设艺术在现代室内设计中的作用主要体现在如下几方面。

（1）表达空间主题，营造空间氛围，进一步强化室内风格

特定的空间有其特定的中心目的，设计的各层面均应围绕这一中心概念展开。陈设设计有时成为表达空间主题的重要手段，某些陈设品还具有很强的象征意义。另外由于陈设品本身的造型、色彩、图案及质感反映了一定的历史文化、风俗习惯、地域特征，能给人更大的想象空间，对室内风格起着较大的明确与强化作用（图3-85）。

（2）创造二次空间，丰富空间层次

在室内设计中利用家具、艺术品、织物、绿植、水体等陈设营造二次空间，可使空间层次更加丰富，更加贴近人的生活，使室内空间更富层次感（图3-86）。

图 3-83　中国传统样式的门面被用作墙面的装饰

图 3-84　经过处理的干枝成了别致的陈设品

图 3-85　纱幔、泥土墙、浮雕烘托出自然质朴的空间氛围

图 3-86　立式灯具及沙发靠背的围合从视觉和心理上限定出会客区

（3）反映使用者爱好和生活情趣

某些陈设品具有很强的个人感情色彩，是使用者充分表达个人爱好的最直接的语言，能反映出其职业特征和品位修养。同样装修的空间中不同的陈设品可以营造不同的个性，因此陈设品往往是表现自我的最直接手段之一（图3-87）。

3. 室内陈设的选择与布置

陈设品均有自己的个性，只有当陈设对室内的实用功能与空间艺术效果起到积极作用时，才真正产生其自身的空间意义。选择与布置陈设品有时是同时完成的，因为布置的地方和功用直接影响了选择。通常会根据一些形式法则，如均衡、统一与变化、节奏韵律、主次分明来帮助陈设。要想达到良好的最终效果，细致地考虑陈列方式显得尤为重要。除此之外，还应考虑以下几个方面。

（1）考虑空间功能细化的要求

有相当部分的陈设品具有实用功能，布置时可考虑该区域功能上的一致性，有时还需要考虑人的使用状态（图3-88）。

（2）研究空间的风格与主题

不同功能的空间需要用不同的陈设品来烘托气氛。在布置陈设品的时候，应根据主题有序地陈列，找到这些陈设品本身的逻辑关系，像说故事般地呈现在相应的位置。在一些特殊情况下，陈设品的风格也可以与整体环境风格形成对比，以增加趣味中心（图3-89）。

（3）考虑空间尺度的匹配

陈设品的布置应与空间的尺度相适应。一般情况下，尺度较大的空间如酒店大堂，可布置一些大尺度的陈设品以加强空间气势；而尺度小的地方如客房则可以布置一些小而精的陈设品，把更多的空间留给使用者（图3-90a和图3-90b）。

（4）研究空间的形体、色彩和材质

除了空间尺度以外，陈设品还应与空间环境（背景）的形体变化、色彩和材质结合起来统一考虑，尝试找到陈设品在形态色彩和材质上与周围空间的相关因素的联系来表达空间性格（图3-91）。

（5）考虑观赏效果

陈设品更多的时候是用来观赏的，布置陈设品时应从使用者的观赏状态、观赏视线及观赏角度出发，寻找最佳角度和位置。比如在雕塑的周围应留有一定的空间，以便人们全方位地观赏；在墙上挂画，除了考虑画的内容形式与尺寸大小等外，还应考虑挂画的方式、悬挂高度与视平线的关系以及照明效果等因素。

图3-87 酒架的设置既起到了划分空间的作用，又凸显了宅主的喜好

图3-88 沙发、茶几、书架、落地灯、电视机几者的空间关系考虑到了使用习惯，既方便，又有灵活性

图3-89 各种中式陈设品随着空间的递进依次展现在顾客眼前

图 3-90a　大尺度的中庭空间中适合布置高大的植物

图 3-90b　小尺度的居室中适合布置小巧的盆栽或花瓶

图 3-91　陶瓷器皿、纸质吊灯、木质家具、传统条幅强化了空间的日式风格

第三节　室内环境设计的风格与流派

一、风格、流派的概念

1. 风格

风格可以理解成精神风貌与格调。艺术风格则指艺术家在创作总体中表现出来的思想与艺术的个性特征。风格要通过特定的艺术语言来表现，在室内设计中，就是要通过室内设计的语言来表现。室内设计语言会汇集成一种式样，风格就体现在这种特定的式样中。

风格具有时代性和民族性。风格的时代性是指由时代的社会生活所决定的时代精神、时代风尚、时代审美等需要在作品格调上的反映。同一时代的艺术家，个人风格可能各不相同，但无论是谁的作品，都不能不烙上这个时代的烙印。风格的民族性是民族特点在艺术作品中的反映。一个民族的社会生活、文化传统、心理素质、精神状态、风土人情和审美要求等都会反映到艺术作品中，因此，不同民族的艺术作品会因各自的风格而不同。以室内设计为例，中国的、日本的、伊斯兰教的均有独特的风格，其中的一些"式样"，甚至历时久远而不衰，以致成了"经典"和"传统"。

2. 流派

流，有流变之意；派，有派别之意。艺术流派可以理解为在艺术发展长河中形成的派别，即在一定历史条件下，由于某些艺术家社会思想、艺术造诣、艺术风格、创作方法相近或相似而形成的集合体。

与流派相联系的另一个概念是"思潮"，它可以理解为具有广泛社会倾向性的潮流或运动。艺术流派可以带动艺术潮流。艺术流派的传播方式有三种，即人与人之间的感染传播、媒体传播和由于崇拜偶像而出现的效仿传播。

从以上简要介绍中不难看出，风格与流派是两个不同的但又相互联系的概念，流派更加接近社会思潮，风格更加依靠"式样"。

由于标准不一，对室内设计风格和流派的分类也纷繁复杂，本节所述室内设计风格与流派的分类及名称，并不作为定论，仅是作为阅读和学习时的借鉴和参考，希望对大家的设计分析和创作有所启迪。

二、室内环境设计的风格

（一）传统风格

传统风格的室内设计，是在室内布置、线形、色调以及家具、陈设的造型等方面，吸取传统装饰"形""神"的特征。此种风格常给人们以历史延续和鲜明地域文化特征的强烈感受，传统风格的室内环境设计突出了源远流长的民族地域文化。

1. 东方传统风格

古代东方的环境艺术风格样式主要是以中国为中心的亚洲文化圈和以伊斯兰教为核心的中东文化圈影响下的各种环境艺术设计风格和样式，主要包括中式传统风格、日本传统风格、伊斯兰传统风格等。

（1）中式传统风格

受儒家文化的影响，中式传统风格的室内布局无论是皇家宫殿还是市井民居，大多采用中轴对称的空间布局。但由于封建等级制度的严格限制，皇家建筑和民居建筑的室内装饰手法和风格上有着显著的不同。宫殿作为天子日常起居的生活空间和处理政务的权力场所，其内外装修华丽、精致，要在气势上体现君临天下的威严（图 3-92）。而民居的室内则注重庄重、简练，崇尚宁静和典雅的室内氛围。室内藻井天花、门窗隔扇、屏风橱罩、挂落雀替等装饰装修，工精质美，着意体现东方木构架结构特有的结构美和形式美。室内穿插的屏风几案、悬挂的丝绸织物、陈设的古玩字画以及漆饰雕刻等装饰工艺，一起营造浓厚的中式情调（图3-93和图3-94）。室内与室外天井、院落等周围环境借助各种隔而不断的软质及硬质隔断，运用借景、框景等传统环境艺术手法使室外与室内情景交融，形成内外沟通、虚实相生的有机整体，体现了传统"天人合一"的哲学思想，创造了和谐自然的居住环境（图3-95）。

（2）日式风格

日式风格又称"和式"风格。日本人将本土文化以及佛学、禅学、茶道文化融入室内设计中，空间造型极为简洁，室内氛围文雅柔和，追求自然朴素的装饰风格。墙面装修使用木质构件作方格几何形状，与方格的顶棚、细方格樟子推拉门相统一。家具陈设以茶几为中心，席地而坐，运用屏风、帘帷、竹帘等划分室内空间，整体布局简洁，给人以朴实无华、清新超脱的感觉（图3-96）。另外，日式风格屋、院通透，注重利用回廊、挑檐构成半室内半室外的空间。

图3-92 北京故宫内景，中轴对称的布局，精美的陈设，鲜明的色彩，描金盘龙图案，无一不显露出皇家的气派与威严

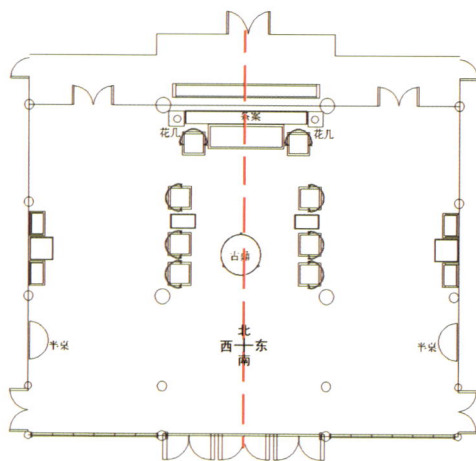

图3-93 江南某民居厅堂平面图，典型的对称式布局

图3-94 江南某民居厅堂内景，露明的屋架结构、匾额楹联、古玩字画、红木家具，共同烘托出宁静淡雅的书卷气息

图3-95 月亮门既连通了内外空间，也将粉墙、芭蕉、石凳、草地框成一幅充满意境的图画

图3-96 和式风格居室，构图均衡，色调和谐

图3-97 伊斯兰风格的室内装饰

图3-98 伊斯兰风格装饰纹样

（3）伊斯兰风格

伊斯兰风格泛指中东和其他信奉伊斯兰教的地区的室内装饰风格，其特征是东西合璧，色彩跳跃、华丽，对比强烈。天花为双圆心尖券、尖拱、马蹄形券等各式穹顶；室内立面装饰各式纹样或贴石膏浮雕，外立面常用浅浮雕式彩绘和玻璃砖进行装饰；门窗用雕花、透雕的板材作栏板，还常结合石膏浮雕（图3-97）。其中，砖工艺的石钟乳体是伊斯兰风格最具特色的装饰手法。典型的伊斯兰装饰图案也被称为阿拉伯装饰风格图案。这种装饰图案多以各式动植物形象或几何纹样为题材，点缀《古兰经》经文，结合大面积色彩，来构成一种直线、角线或曲线交错的重复图案，常常运用于建筑和室内装饰上（图3-98）。

2. 西方传统风格

在西方古典、近代建筑风格的演变中，出现过许多辉煌的时期，也出现过不少优秀的作品和颇有影响的样式。古希腊柱式、古罗马柱式及拱券等能够流行至今，就很能说明这一问题。下面，着重介绍几种至今尚有较大影响的风格。

（1）古希腊风格

雅典卫城的主题建筑——帕提农神庙是古希腊最具代表性的建筑。它的平面呈矩形，周围为陶立克柱廊，山墙的三角墙上布满了雕刻（图3-99）。古希腊的室内设计状况只能从文学作品、浮雕和绘画中进行考察，这些资料表明，希腊人热衷建造壮丽的公共建筑，在这些公共建筑和富人的住宅中，有精心制作的沙发、椅子、桌子和铜质台灯，还有织物、垫子、彩色墙壁和嵌花的地面等。

图3-99 古希腊陶立克、爱奥尼、科林斯柱式的柱头

（2）古罗马风格

古罗马继承了古希腊晚期的风格，兼有古埃及建筑的震撼和古希腊建筑的优雅，又有自己的浑厚和英气。其突出成就是发展了柱式并发明了混凝土和拱券，从而丰富了空间形式，扩大了空间尺度，创造了古代建筑史上宏大雄伟、气势非凡乃至惊心动魄的大空间（图3-100）。古罗马时代，贵族生活奢侈，宅邸十分考究。典型的布局是列柱式中庭，前后两院，前院有大型接待室，后院设家属用房。内部有大理石墙面、华丽的壁画、灯具和暖炉（图3-101）。

（3）中世纪风格

公元9世纪到15世纪被界定为中世纪。这一时期基督教、封建制度和统治阶级巡游的生活方式对欧洲室内设计发展起了决定性作用。

12世纪后，欧洲兴起了哥特艺术，哥特建筑是这一艺术的代表。其主要特征是竖向排列的柱子、尖形向上的拱券、火焰纹的窗口以及卷蔓、螺旋纹形成的线脚和装饰。还喜用大理石、马赛克、彩色玻璃等材料做装饰。哥特建筑的最高水平体现于教堂（图3-102和图3-103），其总体气氛是表现宗教的神秘性和上帝的至高无上。

中世纪的生活是极其严谨的，而且各阶层的巡游生活方式使得当时最高级的住宅都无法拥有永久性的室内装饰，因此，相比较而言，中世纪的室内装饰显得简单朴素（图3-104）。

（4）文艺复兴风格

14世纪和15世纪，意大利等国出现了空前的文艺繁荣，史称"文艺复兴"。这一时期的建筑与室内设计冲破了中世纪封建封闭的装饰风格，重视个人在现实世界中的发展，恢复了古典柱式和严谨的构图。

在室内设计方面，环境多为古典式，空间高大，常取对称布局，追求形式美，喜用镶嵌、蒙面、雕刻等装饰。在这一时期还产生了通过壁画、绘画以及雕塑中的虚构距离而扩展真实空间的室内装饰方法（图3-105）。

（5）巴洛克风格

巴洛克风格盛行于17世纪的欧洲，其名称的原意为"畸形的珍珠"。巴洛克风格包含着尖

图3-100　罗马万神庙以内部宏伟、具有巨大的圆球大厅而闻名于世，凿空的方格状藻井既有装饰性，也减轻了圆顶的自重

图3-101　古罗马室内地面的马赛克装饰画

图3-102 夏特尔主教堂中舱内景，向上涌动的群柱和肋架券，引领着人们仰望天堂的圣父，奔腾向前的列柱导引着信徒走向前方圣坛上的耶稣

图3-103 教堂的窗户，在室内盛开成了彩色缤纷的玫瑰

图3-104 罗伯特坎平的油画《天使报喜》（1425—1428）中反映的中世纪平民家庭室内环境，简朴的木天花，无玻璃的木框窗，地面铺设装饰简单的瓷砖

锐的矛盾的倾向，它打破了古典和文艺复兴时期的"常规"，体现了对现实生活的热爱和对世俗美的追求，创造出不少富有生命力的新手法、新式样和新细部，但也存在着非理性、反常规和形式主义的一面（图3-106）。巴洛克风格的主要特点如下。

① 欢乐豪华的气氛，追求感官享受和卖弄财富，过于繁琐，甚至离奇、怪诞、神秘。

② 强调变化，在使用直线的同时大量使用曲线，具有滚动的效果。

③ 大量使用绘画、雕刻和工艺品，将它们用于家具和陈设中。墙面常挂精美的壁毯，或镶嵌大型镜面和大理石。大量使用名贵木材，用拼缝、镶边等方法进行造型变化。线脚厚重，重重叠叠，具有高水平的细木工艺（图3-107）。

④ 色彩丰富，气氛华丽。常在家具上使用丝绸、割绒等覆面材料及涂金、镀金等工艺。

（6）洛可可风格

17世纪末到18世纪初，法国专制体制出现了危机，在君权衰退的情况下，贵族沙龙主导了文化艺术，于是便出现了一种卖弄风情、妖媚柔靡、代表着贵族趣味的艺术风格——"洛可可"风格。它以轻盈柔美的曲线装饰著称，同时还受到了东方文化的影响。其特点是造型装饰多运用贝壳的曲线、皱褶和弯曲形构图分割，装饰大量运用卷草纹样，极尽繁琐、华丽之能事，色彩绚丽，具有轻快、流动以及纹样中的人物、植物、动物浑然一体的特点。

图3-105　圣彼得大教堂内景，它有着规范的柱式，中轴对称的布局和富丽堂皇的装饰，是文艺复兴建筑的典范

图3-107　凡尔赛宫大镜厅是一个天花板上有华丽绘画的筒形拱顶厅堂，17个大落地窗对着安置了17个金丝纤草装饰的大镜子，空间豪华壮丽，装饰富丽旖旎

图3-106　佛罗伦萨碧提宫的私人会见室内，建筑师运用高超的绘画透视技法，充分、娴熟地把建筑、雕塑、绘画糅捏在一起，制造出逼真的幻象效果

从总体来说，洛可可风格格调不高，但与巴洛克和古典主义相比，更亲切温雅，更接近人们的日常生活，故在室内设计方面产生了久远的影响（图3-108）。

（二）现代风格

现代风格源于1919年成立的包豪斯学派，深受现代艺术运动以及"新建筑"运动的影响。它具有一定的社会民主主义色彩，强调机械美、功能美，主张理性化的设计，重视功能和空间组织，发展了非传统的以功能布局为依据的不对称的构图手法，注意发挥结构构成本身的形式美，形式上提倡非装饰的简单几何形，主张简洁、实用，废弃多余的、繁琐的附加装饰。这一风格的代表人物有勒·柯布西耶和密斯·凡德罗等，代表作品有范斯沃斯住宅、巴塞罗那博览会德国馆等（图3-109和图3-110）。

当今广义的现代风格也可泛指造型简洁新颖，具有时代感的建筑形象和室内环境。现代风格的出现是建筑史上的一次飞跃，对之后乃至当今的建筑设计和室内设计产生了极大的影响。

图 3-108　慕尼黑郊外宁芬堡宫里的亚玛连堡阁,镜子和门窗交错安插,镜子四周以及墙壁上装饰着银灰泥做的青绿薄纱窗、乐器、羊角和贝壳。蔓草弯卷着盘上屋檐,有蝴蝶在上面飞舞,整栋阁室的装饰细腻、迷人

三、20 世纪室内环境设计的主要流派

20 世纪后,室内设计流派纷呈,这是设计思想空前活跃的表现,也是室内设计发展进步中必然经历的过程。室内设计的流派在很大程度上与建筑设计的流派相呼应,但也有一些流派是室内设计所独有的。我们研究和了解这些流派的目的不是为了摹仿或照抄,而是要探究不同流派产生的背景和原因,分析其向背曲直,进一步寻求正确的设计原则和理念。

1. 风格派(STYLE)

起源于 20 世纪 20 年代荷兰的风格派是一支强调"纯造型表现",要求"从传统及个性崇拜的约束下解放艺术"的艺术流派。建筑与室内环境都基于抽象的几何形体,内部空间与外部空间采用穿插统一的构成手法。色彩配置经常采用红、黄、蓝三原色或黑白灰。屋顶、墙面的凹凸以及强烈的色彩强调了风格派个性化的设计(图 3-111 和图 3-112)。

图 3-109　范斯沃斯住宅外观,这个建筑是一个由 8 根钢柱支撑的长方形玻璃盒子,除了卫生间外,其他空间全部开敞

图 3-111　乌德勒支住宅是风格派的经典代表作之一,深受蒙德里安抽象画的影响

图 3-110　范斯沃斯住宅内景,简洁的家具与纯净的室内空间十分协调,"少即是多"的原则被体现到了极致

图 3-112　乌德勒支住宅内景。墙壁和天花板简洁,金属框架窗户以连续的水平线条延伸至天花,室内整体效果齐整利落而无凌厉之感

图 3-113　ART-DECO 装饰风格的纽约克莱斯勒大厦电梯厅

图 3-114　蓬皮杜中心的柱梁、楼板全是钢结构，都暴露在建筑物之外，漆成不同颜色的各种大型设备管道也树立在建筑的外侧。一条透明的玻璃圆管从地面蜿蜒而上，输送人们上下进出该艺术中心

图 3-115　蓬皮杜艺术中心内景，结构设备完全暴露在空间中

2. 装饰艺术（艺术装饰）派（ART-DECO）

1925 年在巴黎举行的国际装饰艺术博览会，标志着装饰艺术派的诞生。装饰艺术派的特征是欣赏性强，造型上有一定程度的夸张变形，并呈图案化趋向，色彩上多重视平面空间的对比关系。

装饰艺术派的建筑与室内设计善于运用多层次的几何线型及图案，重点装饰建筑内外门窗线脚、檐口及建筑腰线、顶角线等部位。近年来一些宾馆和大型商场的室内设计，出于对装饰时代气息和文化的内涵考虑，常在现代风格的基础上，对细部饰以装饰艺术派的图案和纹样（图 3-113）。

3. 高技派（HIGH-TECH）

高技派（重技派）兴起于 20 世纪 50 年代后期，它们在建筑造型和风格上倾向于表现"高度工业技术"，在理论上极力宣扬机器美学和新技术的美感，着重开发利用和展现科学现代化要素，尤其侧重于先进的计算机、宇宙空间和工业领域中的自动化技术，以便从这些领域学到先进技术，从这些领域的产品中寻求新的美感。高技派的常用手法是使用高强钢材、硬铝和增强塑料等新型、轻质、高强材料，故意暴露管线和结构，提倡系统设计和参数设计，构成高效、灵活、拆装方便的体系。高技派流行于 20 世纪 50 年代至 70 年代，著名作品有法国巴黎的蓬皮杜文化艺术中心及中国香港的中国银行等（图 3-114 和图 3-115）。

4. 光亮派（THE SILVERS）

光亮派（银色派）是 20 世纪 60 年代流行于欧美的一种建筑思潮，属晚期现代主义中的极少主义派的演变。它在室内设计中注重新材料的光亮效果及现代加工工艺的精密细致，往往大量采用各种类型玻璃、不锈钢、磨光的石材等作为装饰面材。常使用投射、折射等各类新型光源和灯具，在镜面和金属材料的烘托下，形成光彩照人、绚丽夺目的室内效果。该派别的室内设计在简洁明快的空间中展示了现代材料和现代加工技术的高精度，传递着时代精神。代表作品有西萨·佩里设计的洛杉矶太平洋设计中心（图 3-116）。

5. 后现代主义派（POST MODERNISM）

后现代主义这一称谓来自查尔斯·詹克斯，而理论基础来自于罗伯特·文丘里 20 世纪 60 年代所著的《建筑的复杂性与矛盾性》。在这本书里，文丘里对现代主义的逻辑性、统一性和秩序提出了质疑，道出了设计的复杂性、矛盾性与模糊性。

后现代主义由于运用装饰和讲究文脉而与现代主义分离。它是对现代主义、国际主义设计装饰的发展，主张以

装饰手法达到视觉上的审美愉悦，注重消费者心理的满足。在设计上大量运用了各种历史装饰符号，但又不是简单的复古，采取的是折中的手法，把传统的文化脉络与现代设计结合起来。这些手法的运用适应了人们各方面的需要，使人们在视觉与心理上都逐渐扫除了现代主义和国际主义风格造成的理性与冷漠的感觉，从而开创了装饰艺术的新阶段。室内设计方面直接沿用后现代建筑的"隐喻""装饰"和"文脉"等手法，在形式上突破现代主义单一标准的风格，更多地表现了地域文化、习俗，引向多元化风格（图3-117和图3-118）。

6. 解构主义派（DECONSTRUCTIVISM）

解构主义是法国哲学家贾奎斯·德里达于20世纪60年代提出的一种哲学观点，是对当时的正统原则与标准（建筑界是指现代主义原则和标准）的否定和批判。该派建筑及室内设计的特点是把完整的现代主义、结构主义建筑整体打破，然后重新组合，形成一种所谓"完整"的空间和形态，重视结构的基本部件，认为基本部件本身就具有表现的特征，完整性不在于建筑本身总体风格的统一，而在于部件个体的充分表达。作为后现代的一种设计探索形式，其代表作品有德国犹太人纪念馆新馆、西班牙毕尔巴鄂古根海姆博物馆等（图3-119和图3-120）。

图3-116　高反光、折光材质以及灯光的密集运用，形成光彩绚丽的室内效果，体现出现代建筑的科技和工艺水平

图3-117　文丘里设计的特拉华住宅是典型的后现代风格作品，在形式上使用了大量古典建筑的符号

图3-118　特拉华住宅内景，对传统元素的重组和变化使环境显现出模糊复杂的性格

图 3-119　毕尔巴鄂古根海姆博物馆外观

图 3-120　毕尔巴鄂古根海姆博物馆中庭

图 3-121　迈耶于 1971—1973 年设计的道格拉斯住宅是白色派的代表作品之一

图 3-122　道格拉斯住宅内景，室内环境设计时综合考虑了室内活动着的人以及透过门窗可见的变化着的室外景物，从某种意义上讲，室内环境只是一种"背景"，因而在装饰造型和用色上无需过多渲染

7. 白色派（THE WHITES）

白色派流行于后期现代主义的早期阶段，是以"纽约 5"——埃森曼、格雷夫斯、格瓦斯梅、赫迪尤克和迈耶为核心，活跃于 20 世纪 70 年代前后的建筑创作组织。白色派的建筑作品以白色为主，十分偏爱纯净的建筑空间、体量和阳光下的立体主义构图、光影变化，具有一种超凡脱俗的气派和明显的非天然效果（图 3-121）。室内各界面包括家具等大量运用白色，给人纯净、文雅的感受，又能增加室内的亮度，容易使人增加乐观感，并产生美的联想，且易与其他色调统一，或产生鲜明的色彩对比，起到特有的装饰作用（图 3-122）。

8. 超现实派（SUPER-REAL）

超现实是艺术家们在充满矛盾与冲突的世界里逃避现实的一种心理寄托。超现实派在室内追求超越现实的艺术效果，通过非寻常的空间组织，变化丰富的界面，浓重的色彩，变幻莫测的光影以及造型奇特的家具与设备，有时还以现代绘画或雕塑来烘托另类的室内环境气氛，力求在有限的空间内创造超现实的空间。这种派别的室内设计比较适用于对视觉形象有着特殊要求的某些展示空间或娱乐空间（图3-123）。

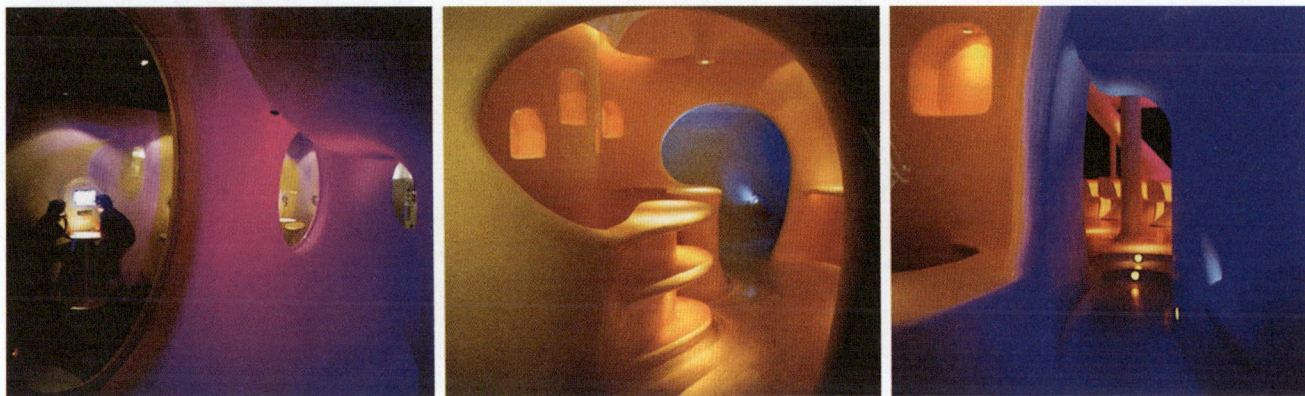

图3-123　特殊的光影效果、另类的空间界面营造出了酒吧环境漂浮、迷失的超现实风格

第四章
景观设计

环境艺术设计的另一重要领域就是室外环境设计，它以建筑外部空间形态、绿化、水体、铺装、环境小品与设施等为设计主体，也可称为景观设计。

第一节　景观设计的概念和内涵

"景观"（Landscape）一词的本意等同于"风景""景色"，从中派生出了"陆上风景""风景画"和"模仿自然景色的庭院布置"等含义。1885 年，温默将景观引入到地理学的概念中，19 世纪初期的德国自然地理学家洪堡德和前苏联景观地理学派库恰耶夫等人的学术思想中也有类似的概念。

作为设计学科之一的景观设计（Landscape Architecture）从广义角度讲是一门综合性的、面向户外环境建设的学科，是一个集艺术、科学、工程技术于一体的应用型专业。其核心是人类户外生存环境的建设，故涉及的学科专业极为广泛综合，包括区域规划、城市规划、建筑学、林学、农学、地理学、管理学、旅游、环境、资源、社会文化、心理等。广义的景观设计概念是随着我们对于自然和自身认识程度的提高而不断完善和更新的。

广义景观设计主要包含规划和具体空间设计两个环节。其中规划环节指的是大规模、大尺度上景观的把握，具有以下几项内容：场地规划、土地规划、控制性规划、城市设计和环境规划（图 4-1）。其中场地规划是通过建筑、交通、景观、地形、水体、植被等诸多因素的组织和精确规划使某一块基地满足人类使用要求，并具有良好的发展趋势。土地规划相对而言主要是规划土地大规模的发展建设，包括土地划分、土地分析、土地经济社会政策以及生态、技术上的发展规划和可行性研究。控制性规划主要是处理土地保护、使用与发展的关系，包括景观地质、开放空间系统、公共游憩系统、给排水系统、交通系统等诸多单元之间关系的控制。城市设计主要是城市化地区的公共空间的规划和设计，例如城市形态的把握、和建筑师合作对于建筑面貌的控制、城市相关设施的规划设计（包括街道设施、标识）等，以满足城市经济发展的需要。环境规划主要是指某一区域内自然系统的规划设计和环境保护，目的在于维持自然系统的承载力和可持续性发展。而具体空间设计则构成了狭义景观设计的主体。

狭义景观设计所关注的主要内容是场地设计和户外空间设计，它是景观设计的基础和核心。盖丽特·雅克布认为景观设计是从事建筑物道路和公共设备以外的环境景观空间设计。狭义景观设计中的主要要素是：地形、水体、植被、建筑及构筑物、公共艺术品等，主要设计对象是城市开放空间和建筑庭院空间，包括广场、步行街、居住区环境、城市公园、街头绿地、城市滨湖滨河地带以及公共建筑和住宅庭院等，其目的不但要满足人类生活功能上、生理健康上的要求，还要不断地提高人类生活的品质，丰富人的心理体验和精神追求。

从景观设计广义和狭义的两种定义来看，景观设计也可以说是处理人工环境和自然环境之间关系的一种思维方式，一条以景观为主线的设计组织方式，目的是为了使无论大尺度的规划还是小尺度的设计都能够以人为本，与自然和谐共处。

本章所要讨论的景观设计是指以狭义景观设计为主的设计。

第二节　景观设计的起源与发展

一、东西方古典园林的特征与比较

谈到景观设计的起源，就不能不提到园林。追根溯源，园林在先，景观在后。景观最基本、最实质的内容还是离不开园林。

园林的起源与人类的历史有着内在的联系，其形态的演变可以概括为：圃—囿—园—林。圃就是"菜地""蔬菜园"，"囿"就是把一块地圈起来，人们可以在其中骑射打猎，这是园林的雏形。在这一基础上，进一步人工加以取舍浓缩而成园，保护培育而成林。

园林艺术是表达人与自然关系的最直接、联系最紧密的一种物质手段和精神创作。不同的地

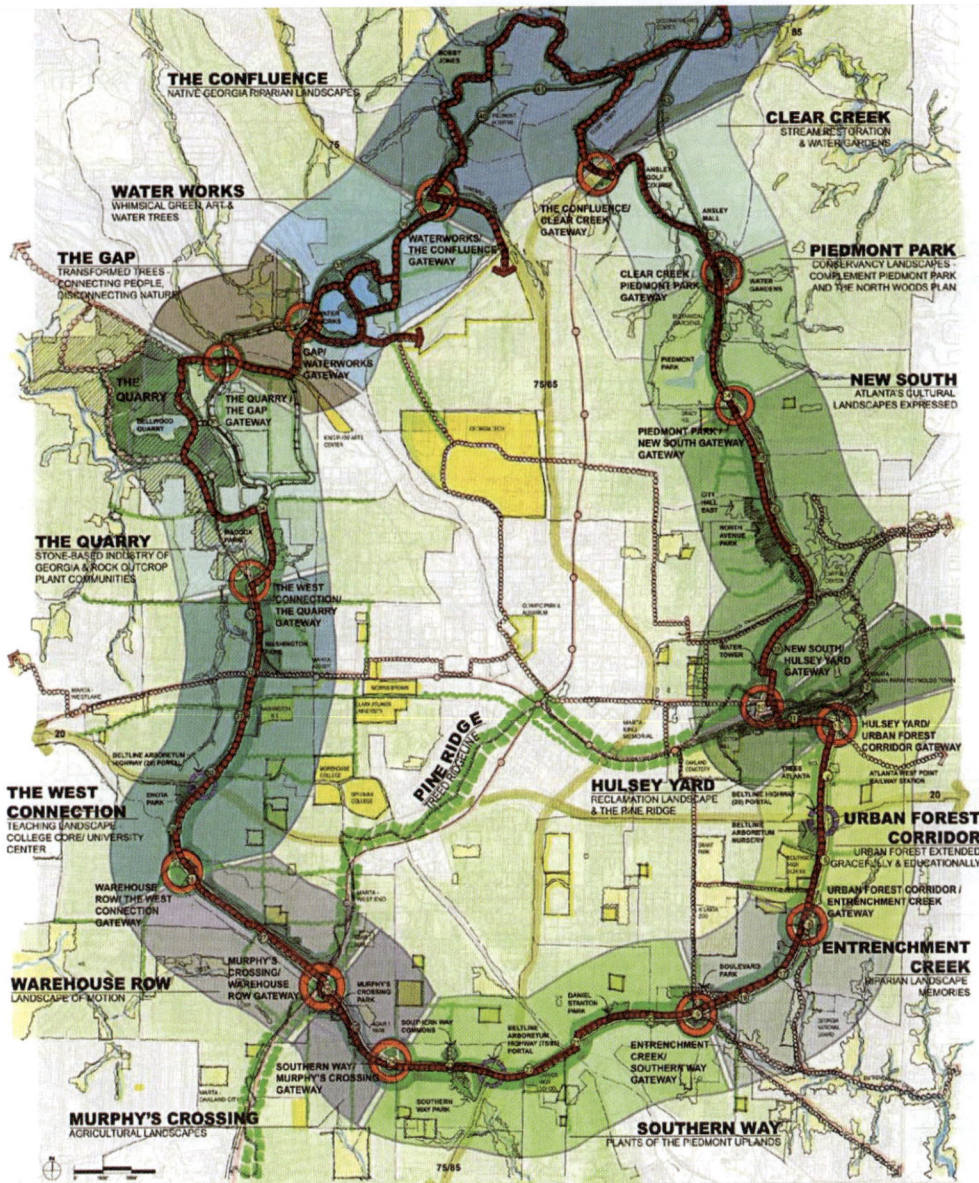

图 4-1　亚特兰大市废弃铁路沿线社区土地利用与景观规划图

域、种族、风俗、习惯等因素，造就了不同的地域文化，进而形成了不同风格的园林类型。由于历史背景和文化传统的不同，东西方古典园林在各自思想、文化的基础上形成了各自独有的形态。1954 年在维也纳召开的国际园景建筑家联合会上，英国造园家杰里科将世界造园划分为三大体系：东亚（中国）体系、西亚体系、欧洲体系。

1. 东亚（中国）体系

东亚体系园林以中国园林为代表。中国以汉民族为主体的文化在几千年长期发展的过程中孕育出"中国园林"这样一个历史悠久、源远流长的园林体系。公元前 11 世纪周文王筑灵台、灵沼、灵圃，可以说是最早的皇家园林。春秋战国到西汉时期，迅速发展的园林已具雏形。园林的功能由早先的狩猎、通神、求仙、生产为主，逐渐转化为后期的游憩、观赏为主，大致经历了先秦的囿、圃—秦汉的建筑宫苑—魏晋南北朝的自然山水园—隋唐的文人自然山水园—两宋的文人写意山水园等阶段，直到元明清发展至成熟（图 4-2 ～图 4-8）。中国园林属于山水风景式园林，以遵循自然环境为基本特征，强调建筑物与山水环境的有机融合。中国园林的特点主要体现在以下三个方面。

图 4-2　周灵台、灵沼和灵囿,建造目的是供帝王狩猎和通神

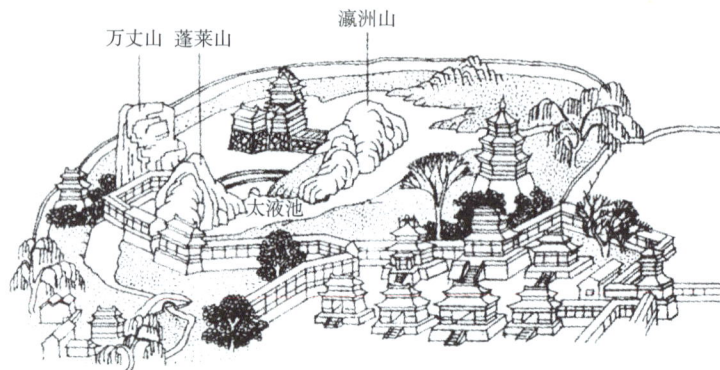

图 4-3　汉建章宫苑,典型的建筑宫苑,布局模拟蓬莱仙境,"一池三山"的格局对后期的园林产生深远的影响

图 4-4　晋代自然山水园——绍兴兰亭园,选择山水优美之处,以自然造景

图 4-5　王维的"辋川别业"标志着诗画兼容的崭新的文人自然山水园真正出现,景点都富有"诗情画意"

图 4-6　北宋苏州沧浪亭取《楚辞·渔父》中的《沧浪歌》"沧浪之水清兮,可以濯我缨,沧浪之水浊兮,可以濯吾足"之意

图 4-7　中国古典皇家园林的巅峰——颐和园

图4-8 中国江南私家园林的代表作——网师园

图4-9 杭州新西湖十景之一 ——云栖竹径，入口石牌坊刻有"万杆竹径云天景，九曲山溪不坠泉"的楹联起到点景的作用

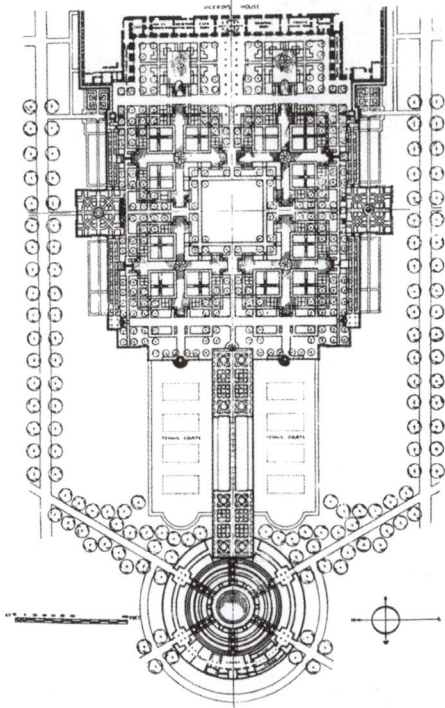
图4-10 印度新德里莫卧儿花园平面

1）取材于自然，高于自然。园林以自然的山、水、地貌为基础，但不是简单的利用，而是有意识、有目的地加以改造加工，再现一个高度概括、提炼、典型化的自然。

2）追求与自然的完美结合，力求达到人与自然的高度和谐，即"天人合一"的理想境界。

3）高雅的文化意境。中式造园除了凭借山水、花草、建筑所构成的景致传达意境的信息外，还将中国特有的书法艺术形式，如匾额、楹联、碑刻艺术等融入造园之中，深化园林的意境。此为中国园林所特有的，非其他园林体系所能比拟的（图4-9）。

2. 西亚体系

西亚体系是古代阿拉伯人在吸收两河流域和波斯园林艺术基础上创造的以古巴比伦、古埃及、古波斯为代表的园林，是一种模拟伊斯兰教天国的高度人工化、几何化的园林艺术形式。造园手法采用规则的十字形庭院布局，将园林构建成"田"字形。园林划分四区，十字形的林荫路构成园的中轴线，轴线中心设置水池，象征天堂。园内明沟暗渠交错，延伸到园内各处。此种造园手法后传入欧洲，成为欧洲园林不可缺少的形式（图4-10 ~ 图4-12）。

3. 欧洲体系

欧洲造园体系是以西亚造园体系为渊源，逐步形成自身特有的"规整有序"的造园手法。欧洲园林以古希腊、古罗马及中世纪法国为代表，经历了囿、圃—台地花园（文艺复兴式花园）—规则式园林（古典主义园林）—自然风景园林—新古典主义园林几个阶段。同样也是由实用型转变为观赏型。园林以气势恢弘、视野开阔、构图对称均衡为特征。园林中的地形处理、水景、花木均呈现规则式布局，树木修剪成多种形式的几何状，配以花坛造型、雕塑、喷泉等，体现出庄重、典雅、华贵的气质。

欧洲的造园艺术建立在数理主义的美学思想基础之上，排斥自然，追求纯粹的几何结构关系，认为自然要素必须去掉天然的形状与性格，接受人的理性美学法则。对自然作战是欧洲造园艺术的基本信条。欧洲园林的特点体现在以下五个方面。

1）建筑统帅园林

在欧洲古典园林中，在园林中轴线位置总会矗立一座庞大的建筑物（城堡、宫殿），园林的整体布局必须服从建筑的构图原则，并以此建筑物为基准，确立园林的主轴线。经主轴再划分出相对应的副轴线，置以宽阔的林荫道、花坛、水池、喷泉、雕塑等（图4-13）。

2）园林整体布局呈现严格的几何图形

园路处理成笔直的通道，在道路交叉处处理成小广场

图4-11 印度新德里莫卧儿花园景观

图4-12 西班牙阿尔罕布拉宫狮子院，院中四条水渠象征着天国的水、乳、蜜、酒四条河，精美的建筑使庭院显得华丽

图4-13 维康府邸

图4-14 丢勒里花园

形式，点状分布具有几何造型的水池、喷泉等。园林树木则精心修剪成锥形、球形、圆柱形等，草坪、花圃必须以严格的几何图案栽植、修剪（图4-14）。

3）大面积草坪处理

园林中种植大面积草坪，具有室外地毯的美誉。

4）追求整体布局的对称性

建筑、水池、草坪、花坛等的布局无一不讲究整体性，并以几何的比例关系组合达到数的和谐。

5）追求形似与写实

欧洲人的审美意识与中国人的审美意识有着截然的不同，他们认为艺术的真谛和价值在于将自然真实地表现出来，事物的美完全建立在各部之间神圣的比例关系上。

表 4-1 中西方园林艺术风格比较

类别	西方园林艺术风格	中国园林艺术风格
布局	几何规则布局	生态自由式布局
建筑	建筑统帅园林	园林统帅建筑
道路	轴线笔直式林荫大道	迂回曲折，曲径通幽
树木	整形对植、列植	自然孤植、散植
花卉	图案花坛，重色彩	盆栽花坛，重姿态
水景	动态水景：喷泉瀑布	静态水景：溪池滴泉
空间	大草坪铺展	假山起伏
雕塑	具象石雕	大型整体太湖石
取景	对景：视线限定	借景：步移景异
景态	旷景：开敞袒露	奥景：幽闭深藏
风格	气势的浪漫	诗情画意

总的来说，中西方古典园林最突出的差异是规则式与自然式的形式差别（表4-1）。中国自古以来就有崇尚自然、热爱自然的传统。"天人合一"的思想占有极大的优势。以含蓄、蕴藉、清幽、淡泊为美，重在情感上的感受。自然物的各种形式属性如线条、形状、比例、组合，在审美潜意识中不占主要地位；把人和物紧密地联系在一起，视为不可分割的共同体，从而形成一种主观力量，促使人们去探求自然、亲近自然、开发自然；空间上循环往复，峰回路转，无穷无尽，追求含蓄的境界，是一种模拟自然、追求自然的封闭式园林，是一种"独乐园"。另一方面，中国的园林艺术源于中国传统绘画，因而从一定的意义上可以说是传统绘画的又一表现形式。从审美主体来说，因长期受深厚的哲学和美学的陶冶，主体本身又是经过各种成熟的艺术诗词、绘画、工艺美术和建筑交融渗透而独立发展起来的一个形态完善的艺术类别。"诗情画意"是中国古典园林追求的审美境界。西方园林则表现为活泼、奢侈和热烈，规则式造园中无不讲究规则和完整性，以几何形的组合达到数的和谐。西方园林讲究的是一览无余，追求人工的美，自然风致式造园则表现为自然式的开朗、大方和安详（图4-15），两种西方园林风格均呈现出开放性和公共性的外向开朗，是供多数人享乐的"众乐园"。中国园林意在赏心，而西方园林给我们的感觉则是悦目。这种轴线对称、几何图形、分行列队、显示人的力量的西方规则式古典园林与以表现自然意趣为目的，排斥规则和对称，力避人为造作的气氛的中国自然式古典园林大相径庭。

图 4-15 英式自然风景园

图 4-16　纽约中央公园

二、现代景观设计的产生

在农业文明时期，园林是为贵族、士大夫阶层所独有的，如古巴比伦的空中花园、中国的皇家园林、欧洲的宫苑等，其设计理念来源于少数人的价值取向和喜好，设计的重心在于追求风格、流派和装饰细节。进入工业文明时期之后，西方城市工业化发展非常迅速，大量人口涌入城市，导致城市人口急剧膨胀，城市用地不断扩张，城市安全、环境、住宅、交通问题纷至沓来。这些情况引起了城市规划师的高度重视，奥地利城市规划师卡米罗·西特在承认城市之美的同时，强调城市公园对于城市的健康卫生起到的作用，认为公园是能使城市保持卫生的绿地，是城市的肺。

霍华德在《明日的花园城市》中把"有机体或组织的生长发展都有天然限制"的概念引入到了城市规划中来。他认为城市的生长应该是有机的，一开始就应对人口、居住密度、城市面积等加以限制，配置足够的公园和私人园地，城市周围有一圈永久性的农田绿地，形成城市和郊区的永久结合，使城市如同一个有机体一样，能够协调、平衡和独立自主地发展。

1858 年美国现代景观设计的创始人奥姆斯特德和英国建筑师沃克斯合作设计的纽约中央公园掀起了欧美城市公园运动，同时也拉开了现代景观设计的序幕（图 4-16）。设计者期望通过设计中央公园这样的大型公园，为快速发展的城市提供大片的绿地和休憩场所，带进一丝自然的气息。从此，公园不再是为少数人服务，而是面向大众，成为对于城市意义重大的新型景观。这就要求景观设计必须考虑更多的因素，包括功能与使用、行为与心理、环境艺术与技术等。对于景观设计的研究也不仅仅是停留在风格、流派以及细部的装饰上，而是更强调其在城市规划和生态系统中的作用。

第三节　景观设计的要素

景观设计的主要设计对象是城市开放空间和建筑庭院空间，其目的是创造满足人类物质和精神需求的室外空间环境。设计要素包括空间、地形、水体、植被、铺装及各类环境设施等。本章主要讨论空间、地形、水体、植被、铺装的设计，环境设施的相关内容将放在下一章作专题介绍。

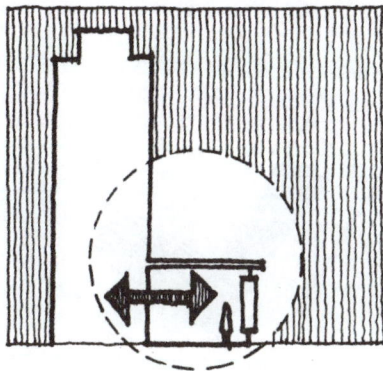

建筑内外

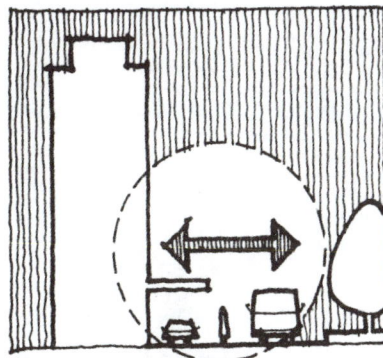

建筑与道路

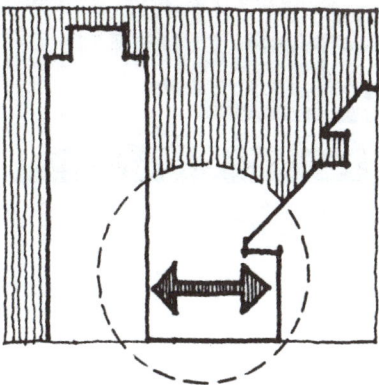

建筑与建筑

建筑与绿化

图 4-17　外部空间的范围

一、空间

相对室内设计而言，景观设计的根本目的是创造适宜的外部空间。每个外部空间都有其特定的形状、大小、构成材料、色彩、质感等构成因素，它们综合地表达了空间的质量和空间的功能作用。设计中既要考虑空间本身的这些质量和特征，又要注意整体环境中诸空间之间的关系。

1. 外部空间及其构成要素

外部空间是一个十分重要的概念，它是由自然要素和人为要素等实体从自然环境中限定而成的空间，是具有功能和意义的空间。自然要素如树木、河流等和人工要素如建筑物、构筑物等共同构成了外部空间的界面（图 4-17）。从图底关系上看，外部空间和实体之间存在着共生关系（图 4-18）。

"地"、"顶"、"墙"是构成空间的三大要素，地是空间的起点和基础；墙因地而立，或划分空间，或围合空间；顶是为了遮挡而设。地与顶是空间的上下水平界面，墙是空间的垂直界面。相对建筑室内空间而言，外部空间的构成要素类型更为宽泛。各种铺装的地面、草坪、水面都可以构成外部空间的"地"；建筑物、围墙、立柱、植物、装饰照明等元素在外部环境中都能起到划分、围合空间的作用，扮演"墙"的角色；外部空间"顶"则可以是建筑物的挑檐、开敞式的景观建筑，还可以是遮阳伞、高大的树冠等（图 4-19）。

空间的存在及其特性取决于构成要素的组合关系和它们自身的特征。"顶"与"墙"的空透程度、存在与否决定了空间的构成，"地"、"顶"、"墙"诸要素各自的线、形、色彩、质感、气味和声响等特征综合地决定了空间的质量。

2. 外部空间的构成形式

外部空间的构成主要有三种形式：实体占有、围合以及这两者混合的形式。实体占领的空间具有外向、发散的特点，实体在空间中形成有张力的"场"，在空间中产生视觉吸引力，对整个空间有控制作用（图 4-20）。围合空间则具有向心、内聚的特点，易使使用者产生强烈的领域感和亲切安定的感觉图（4-21）。这两者的有机结合则更强化空间限定的效果（图 4-22）。

空间的围合质量与封闭性有关，主要反映在垂直要素的高度、密实度和连续性等方面。高度分为相对高度和绝对高度，相对高度是指垂直界面的实际高度和视距的比值，通常用视角或高宽比 D/H 表示（图 4-23）。绝对高度是指垂直界面的实际高度，当高度低于人的视线时空间较开敞，高于视线时空间较封闭。

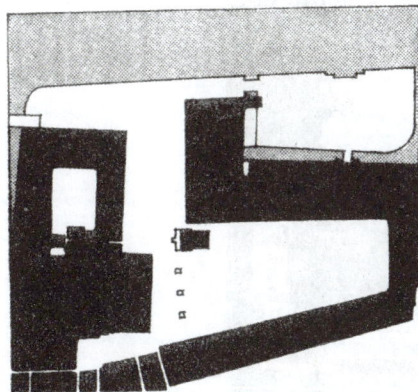

图 4-18　实体与空间是正负互逆的翻转共生关系——左图：圣马可广场平面图；右图：圣马可广场鸟瞰

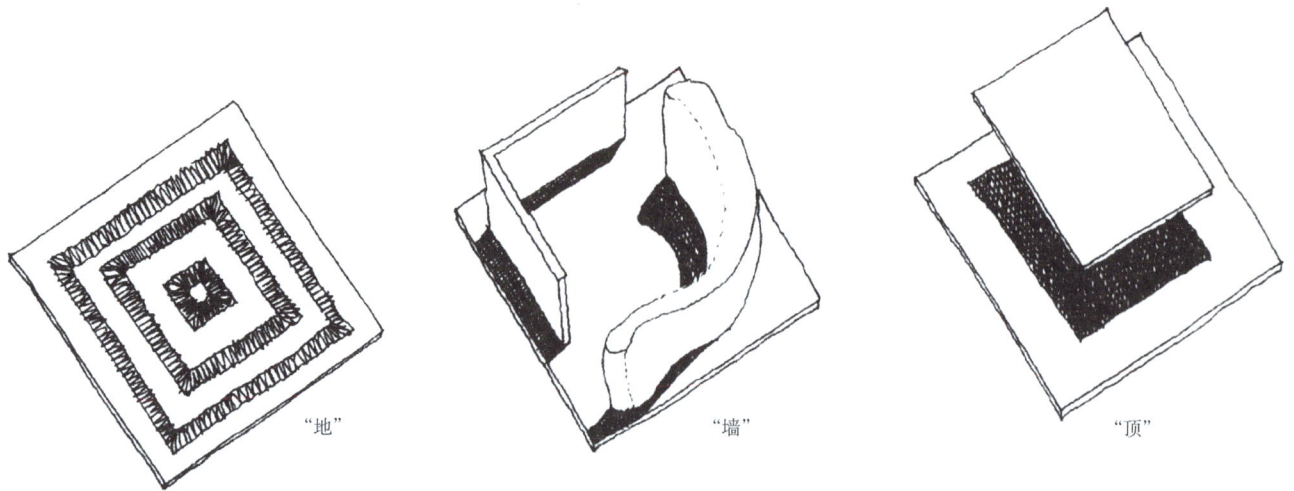

"地"   "墙"   "顶"

图 4-19 构成空间的三要素

图 4-20 华盛顿纪念碑以高大体量对周边空间形成控制作用，成为视觉焦点

图 4-21 英国伯莱庄园中的小庭院，四周的低层建筑围合出内向封闭的空间

图 4-22 斯图加特王宫广场，实体占有与围合共同限定外部空间

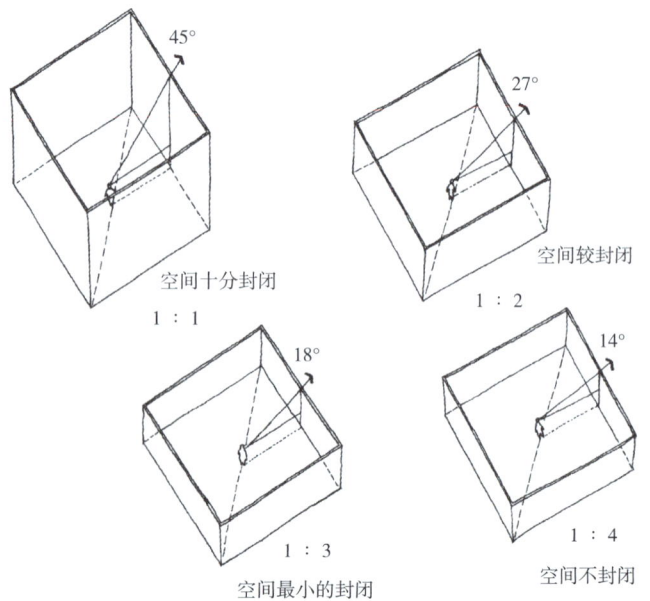

45°
空间十分封闭
1：1

27°
空间较封闭
1：2

18°
空间最小的封闭
1：3

14°
空间不封闭
1：4

图 4-23 空间 D/H 比值与封闭度的关系

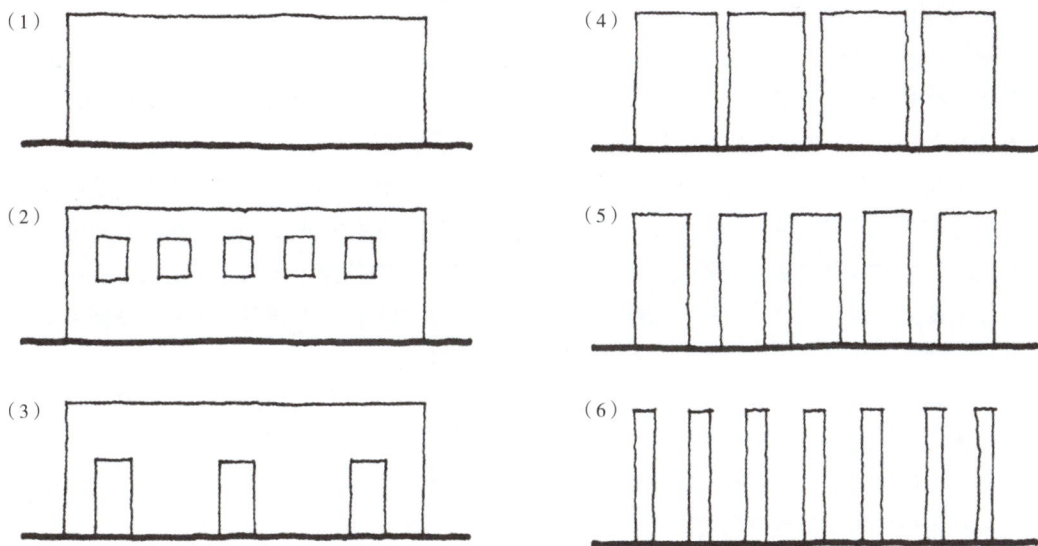

图 4-24　从（1）~（6）随着墙的密实度的降低，围合程度也减弱

空间的封闭程度由这两种高度综合决定。影响空间封闭性的另一因素是垂直界面的连续性和密
实程度。同样的高度，界面越空透，围合的效果就越差，内外的渗透就越强（图 4-24 和图 4-25）。
此外，垂直要素的性质对外部空间围合程度也有很大的影响，一般来说质地坚硬、表面粗糙、明
度低的界面对空间的围合程度大于质地柔软、表面光滑、透光性强、明度高的界面。

图 4-25　围合界面的材质、尺度和形式的变化，使庭院空间与室内空间既分隔又相互渗透

3. 外部空间的类型

根据空间的领域性可以将外部空间分为公共空间、半公共空间、半私密空间和私密空间四个层次。公共空间的领域感最弱，尺度较大，较易进入，开放程度最大，具有多功能性、认知与象征意义。城市广场、商业步行街、开放型公园绿地等都属于公共空间（图4-26）。

半公共空间在空间领域上有所限定，但仍具有公共空间的性质，使用者对空间的认同感强于公共空间，如居住区中心绿地、居住区入口空间、公共空间中被二次限定的小空间等（图4-27）。半私密空间的领域感更强，尺度相对较小，围合性较明显，人在其中感觉对空间有一定的控制能力，是促发交往的空间类型，如公园长廊、开放式门前花园等。半公共空间与半私密空间有时很难用"度"来界定。而私密空间的领域性最强，属小尺度空间，边界明确，围合感强烈，其中活动多为安静、亲密的，不愿旁人打扰，如住宅庭院、幽静的小亭、林间小块空地等（图4-28）。在景观设计中，根据人的环境心理行为特点划分不同的空间领域是至关重要的一步。空间类型的不同，其功能定位、限定方式、材料选择以及色彩、照明设计等都将随之变化。如何处理不同类型空间之间的转折与过渡关系是外部空间设计的重点内容。

图4-26　伊利诺伊州芝加哥千禧花园，典型的公共空间

图4-27　玻璃廊架与下沉式木质平台限定出半公共的休息空间

图4-28　巴黎贝西公园湖面上的小亭子为人们提供了私密空间

图 4-29　抬高的木质人行道带给人们有趣的空间体验

图 4-30　波特兰先锋法庭广场，典型的下沉式空间

图 4-31　综合运用抬高与下沉手法使空间富于变化

图 4-32　辛辛那提滨河公园，波浪形台阶构成了凹凸空间

图 4-33　德国格尔森基辛 Nordstern 公园，步道相互穿插，空间层次丰富

图 4-34　利用地面材质变化限定虚拟空间

　　根据空间的形态可以将空间分为下沉式与抬高式空间、凹空间与凸空间、穿插空间、虚拟空间以及母子空间等类型（图 4-29 ~ 图 4-35）。

图4-35 尼尔森公司总部，在水面空间中设置若干平台，形成母子空间

图4-36 贝尔尼尼设计的椭圆形的圣彼得广场，两侧由半圆形柱廊环抱，气势宏伟，是巴洛克时期的代表作品

图4-37 日本富山站前广场，尺度宜人的喷泉、雕塑使广场显得十分亲切

4. 外部空间的尺度

空间的尺度是衡量空间及其构成要素大小的某种主观标准，与人对空间的视觉感受有密切关系。空间的尺寸、比例关系、细部设计、光与色等都会对空间的尺度感产生影响。在设计中对空间尺度的把握应视空间的功能要求和艺术要求而定。大尺度的空间气势壮观，感染力强，常使人肃然起敬，多见于宏伟的自然景观和纪念性空间（图4-36）。有时大尺度的空间也是权力和财富的一种表现和象征，例如北京的颐和园、法国巴黎的凡尔赛宫苑等帝王园林中就不乏巨大尺度的空间。小尺度的空间较亲切怡人，适合于大多数活动的开展，在这种空间中交谈、漫步、坐憩常使人感到舒坦、自在。其他景观元素，如植物、水体、铺装材料、环境设施、建筑小品的尺度也必须与空间的尺度相呼应（图4-37）。

5. 外部空间的处理与组织

（1）外部空间的组织形式

空间处理应从单个空间本身和不同空间之间的组织关系两方面去考虑。

单个空间的处理中应注意空间的大小和尺度、封闭性、构成方式、构成要素的特征（形、色彩、质感等）以及空间所表达的意义或所具有的性格等内容。例如宁静、庄严的空间处理应简洁，而流动、活泼的空间处理要变化丰富。

由于景观设计所涉及的空间规模一般较大，常常需要对空间进行再划分，将不同的空间组织在一起，并构成具有一定意义的空间序列。空间组织的主要形式如下。

1）集中式空间结构

集中式是将空间组织成一个向心的稳定空间结构，由次要空间围绕一个占主导地位的中心空间构成。中心空间在尺度与体量上要足够大，使得其他次要空间能够集中在它的周围。次要空间在功能、尺寸上可以完全相同也可不同，从而形成规则的、两轴或多轴对称的整体造型，以适应各自不同的功能需要和周围环境的要求（图4-38）。

2）线式空间结构

空间的线式组织通常是由尺寸、功能完全相同或不同的空间重复构建而构成。在这种组织形式中，功能性或者在象征方面具有重要意义的空间可以出现在序列的任何一处，以尺寸、形式来表明其重要性。也可以通过所处的位置，如序列的终端偏移出线式组合或处于扇形线式组合的转折处。空间线式组织的特征是"长"，它表达了一种方向性，具有运动、延伸和增长的倾向。为了使延伸感得到控制，一般以一个主导空间终止，或一个特别设计的入口，或者与场地、地形融为一体（图4-39）。

空间的线式组织在形式上具有可变性，极容易与场地环境相适应。它既可以是直线又可以是折线或弧线。

图 4-39 线式空间结构

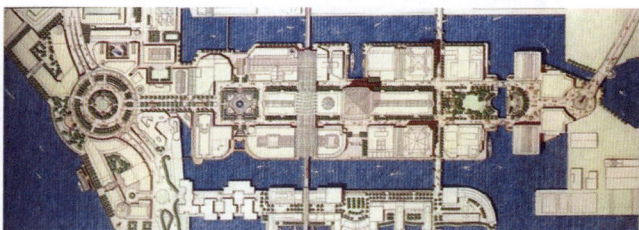

图 4-38 集中式空间结构

图 4-40 组团式空间结构

3）组团式空间结构

组团式空间通常是由重复的格式空间组成，并在形状、朝向等方面有共同特征。当然，组团空间也可以是由形状、功能、尺寸不同的空间组合而成。这些空间可以形成组团式布置在一个划定的范围内或一个空间体积的周围。此类组合没有集中式的紧凑性和几何规则性（图 4-40）。

4）网格式空间结构

网格式空间是通过一个网格图案或范围而得到具有规律性的空间组合。一般是由两组平行线相交，在其交点建立一个规则的点的图案。空间的网格组织来自于图形的规则性和连续性。即使网格组织的空间在尺寸、形状或功能各不相同的情况下，仍能合为一体，并且有一个共同的空间关系。在网格范围中，空间既能以单体形式出现，也能以重复的模数单元出现（图 4-41）。

（2）外部空间的处理手法

为了获得丰富的景观，应注重空间的层次，获得层次的设计手法有添加景物层次、设置空透的廊、开有门窗的墙和稀疏的种植等（图 4-42）。

在有限的基地中要想扩大空间可采用借景或划分空间的方式。"园虽别内外，得景则无拘远近"，借景是将园外景物有选择地纳入园中视线范围之内，组织到园景构图中去的一种经济、有效的造景手法，不仅扩大了空间，还丰富了空间层次（图 4-43）。

图 4-41 网格式空间结构

图 4-42 山顶的原木小亭位置巧妙，恰好将森林和远山框成一幅美丽的风景画

图4-43 新西兰某住宅设计运用借景手法将入海口风光纳入视野，令庭院景观更为深远开阔

空间的对比是丰富空间之间的关系、形成空间变化的重要手段。当将两个存在着显著差异的空间布置在一起时，由于大小、明暗、动静、纵深与广阔、简洁与丰富等特征的对比，而使这些特征更加突出。没有对比，就没有参照，空间就会单调、索然无味，大而不见其深，阔而不显其广。例如，当将幽暗的小空间和开敞的大空间安排在空间序列中时，从暗小的空间进入较大的空间，由于小空间的暗、小衬托在先，从而使大空间给人以更大、更明亮的感受，这就是空间之间大小、明暗的对比所产生的艺术效果（图4-44）。

当将一系列的空间组织在一起时，应考虑空间的整体序列关系，安排游览路线，将不同的空间连接起来，通过空间的对比、渗透、引导，创造富有性格的空间序列。在组织空间、安排序列时应注意起承转合，使空间的发展有一个完整的构思，创造一定的艺术感染力（图4-45）。

1. 南京瞻园空间对比分析

C. 至C处顿感豁然开朗

D. 入园后第一个观赏点

2. 欲扬先抑，在入口处有意设置曲折狭长小空间

A. 自入口向内看

B. 自入口向右转入曲折狭长小空间

3. 入园后则顿感豁然开朗

4. 瞻园入口部分空间处理

图4-44 南京瞻园采用小而暗的入口空间、四周封闭的海棠小院、半开敞的玉兰小院等一系列小空间处理入口部分，作为较大、较开敞的南部空间的序景来衬托主要景区

图4-45 黑川纪章设计的名古屋美术馆，以通透的廊架引导人们进入建筑主体，同时限定了入口广场空间，丰富了空间的层次和序列感

二、地形

地形是构成景观的基本骨架。建筑、植物、水体等景观常常都以地形作为依托，构成起伏变化、具有自然感的景观（图4-46）。

1. 地形和视线

地形的起伏不仅丰富了景观，而且还创造了不同的视线条件，形成了不同性格的空间。地形有凸地形和凹地形之分，它们在组织视线和创造空间上具有不同的作用。

（1）凸地形和凹地形

凸地形的视线开阔，具有延伸性，空间呈发散状，它既可组织成为观景之地，也另可组织成为标志景观的造景之地（图4-47）。凹地形的视线通常较封闭，且封闭程度决定于凹地的绝对标高、脊线范围、坡面角、树木和建筑高度等，空间呈积聚性。凹地形的低凹处能聚集视线，可精心布置景物。凹地形坡面既可观景也可布置景物（图4-48）。

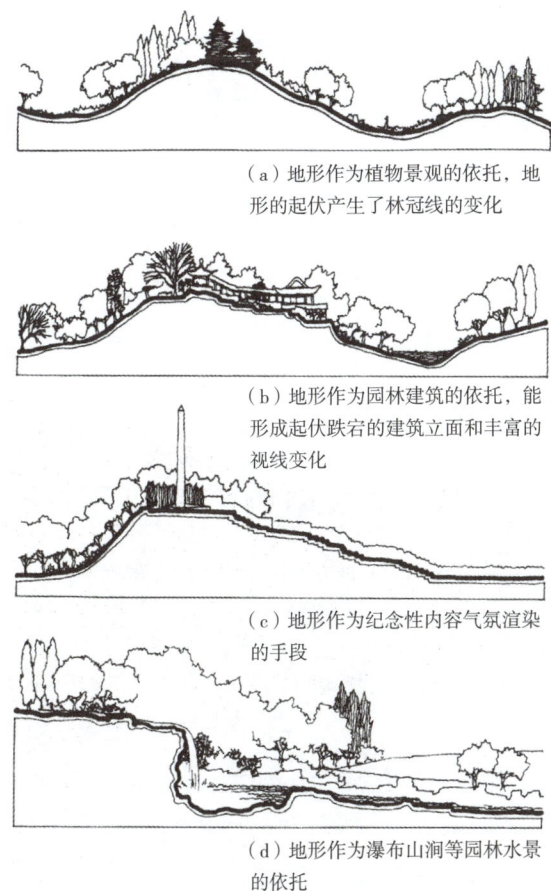

（a）地形作为植物景观的依托，地形的起伏产生了林冠线的变化

（b）地形作为园林建筑的依托，能形成起伏跌宕的建筑立面和丰富的视线变化

（c）地形作为纪念性内容气氛渲染的手段

（d）地形作为瀑布山涧等园林水景的依托

图4-46 地形的骨架作用

图4-47 南京中山陵借助山势形成肃穆崇高的纪念性空间

图4-48 斯图加特国际园艺博览会展园，凹地形的坡面既是花境的展示空间，又为人们提供了休息观景的场所

（2）地形的挡与引

地形可用来阻挡视线、人的行为、冬季寒风和噪声等，但必须达到一定的体量。地形的挡与引应尽量利用现状地形，若现状地形不具备这种条件则需权衡经济和造景的重要性后采取措施。引导视线离不开阻挡，阻挡和引导既可是自然的，也可是强加的（图4-49）。

（3）地形高差和视线

若地形具有一定的高差则能起到阻挡视线和分隔空间的作用。在设计中如能使被分隔的空间产生对比或通过视线的屏蔽，安排令人意想不到的景观，就能够达到一定的艺术效果（图4-50）。对于过渡段的地形高差，若能合理安排视线的挡引和景物的藏露，也能创造出有意义的过渡地形空间。

（4）地形的背景作用

凸、凹地形的坡面均可作为景物的背景，但应处理好地形与景物和视距之间的关系，尽量通过视距的控制保证景物和作为背景的地形之间有较好的构图关系（图4-51）。

图4-49　利用地形阻挡和引导视线和行为

图4-50　巴塞罗那滨海区利用地形划分车行道和休息空间

图4-51　巴塞罗那奥运会自行车赛场，远处的山坡成为祭坛的背景

2. 地形造景

虽然地形始终在造景中起着骨架作用，但是地形本身的造景作用并不突出，常常处在基底和配景的位置上。为了充分发挥地形本身的造景作用，可将构成地形的地面作为一种设计造型要素。若将地形做成诸如圆（棱）锥、圆（棱）台、半圆环体等规则的几何形体或相对自然的曲面体也能形成别具一格的视觉形象（图 4-52a 和图 4-52b）。

三、植物

植物是景观设计中一个重要的组成要素。植物的作用除了具备改善小气候、保持水土、调节人类心理和生理功能外，由于其种类繁多，造型丰富，四季变换，多姿多彩，因此在室外环境的组景、分隔空间、装饰、庇荫、覆盖地表等方面扮演着重要的角色。

（一）植物在景观设计中的作用

1. 限定空间

从构成角度而言，植物是室外环境的空间围合物之一。它们对室外环境的总体布局和室外空间的形成有非常重要的影响。利用植物可构成以下一些基本的空间形式。

（1）开敞空间

仅用低矮灌木及地被植物（例如绿篱）作为空间的限制因素。这种空间四周开敞、外向，无隐秘性，并完全暴露在空旷的场地和阳光之下（图 4-53）。

（2）半开敞空间

半开敞空间与开敞空间相似，它的一面或部分受到较高植物的围合，限制了视线的穿透。这

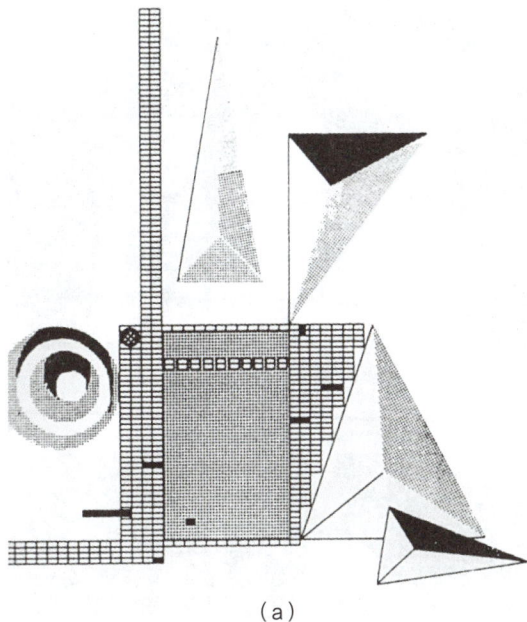

（a）

（b）

图 4-52　克拉默设计的"诗人的花园"

种空间开敞程度较小，其方向性指向开敞面。这种半开敞空间通常适于用在一侧需要隐秘性，而另一侧则需要有景观衬托的室外环境中（图4-54）。

（3）封闭空间

这种空间形式的四周均被中、小型植物所围合。空间的封闭度是随植物的高矮、大小、株距、密度以及观赏者与周围植物的相对位置而变化的（图4-55）。

（4）覆盖空间

覆盖空间包含两种形式：一种是利用具有浓密树冠的遮荫树，构成顶部覆盖而四周开敞的空间，利用所覆盖的空间的高度，能形成竖向的、垂直的感觉。这类空间给人较凉爽的感觉，视线开阔（图4-56）。另一种形式是"隧道式"（绿色走廊）空间，是由道路两旁的行道树交冠遮荫形成，这种布置增强了道路直线前进的运动感，使我们的注意力集中在前方。

2. 组织空间序列，强化空间效果

植物大小、高低、前后位置的不同能有效地"缩小"空间和"扩大"空间，或改变空间的顶平面的遮盖度，从而形成欲扬先抑的空间序列。设计师在不改变地形的情况下，利用植物的垂直要素来调节不同的空间范围，从而能创造出丰富多彩的空间序列（图4-57）。

植物还可以与地形相结合，强调或消除由于地形的变化所形成的空间。如果将植物植于凸起的地势上，便可增强相邻的凹地或谷地的空间封闭感。与之相反，植物若被植于凹地或谷地的底部或周围的斜坡上，它们将减弱和消除由地形所构成的空间效果。因此，为了增强由地形构成的空间效果，最有效的办法就是将植物种植于山脊和高地。而与此同时，为使低洼地区更加透空，可以种植低矮的灌木、草坪，保持原有的地貌特征（图4-58）。

图4-53 低矮的植物明确限定了草坪和道路空间的边界，但对视线没有阻挡，空间保持开敞

图4-54 小型灌木限定出半开敞的休息空间

图4-55 不同层次的植物围合出封闭性极强的空间

图4-56 树冠对下面的休息空间形成覆盖

图4-57　卡尔斯鲁厄某银行庭院，不同的种植设计使三个水上庭院形成从开敞到封闭的空间序列

3. 造景作用

（1）主景作用

在景观造景中，一般由雕塑、园林建筑作为景区的主景，但是由植物造景作为广场的主景同样能够突出主景的聚集性，满足造景中建造主景的设计要求（图4-59）。

（2）框景作用

植物以其浓密的叶片和有高度感的枝干屏蔽了两旁景物，为主要景点提供直接的、无阻拦的视野，从而达到将观赏者的注意力吸引到景物上的目的。这种方式，植物如同众多的遮挡物，围绕在景物周围，形成一个景框，如同将照片和风景油画装入画框（图4-60）。

（3）软化作用

植物可以软化或减弱形态粗糙、僵硬的构筑物。无论何种形态、质地的植物，都比那些呆板、生硬的建筑物更显得柔和。被植物所柔化的空间，比没有植物的空间更诱人，更富有人情味（图4-61）。

图4-58　植物与地形的关系

图4-60　从阿波罗神水池喷泉沿中轴线望主体建筑，两侧的植物构成景框

图4-59　夏威夷州政府门前广场颇具造型感的老树成为视觉的焦点

图4-61　攀藤植物使单调的混凝土墙面生动起来

（4）遮挡作用

植物可以被用来遮挡不佳的景色，或挡住暂时不希望被看到的景物内容以控制和安排视线。而在起到遮挡作用的同时，植物自身的姿态、色彩、质地等往往可以成为观赏的对象。

（二）种植设计

1. 植物的种植原则

景观植物的种植应本着科学性与艺术性的完美结合，达到师法自然而高于自然的表现意境。通常植物的种植应遵循以下原则。

（1）在满足功能的基础上处理好与环境的协调

景观植物的种植首先要从植物的特性与功能出发，不同的环境对植物的要求也不相同。比如街道的植物种植，其功能体现在遮荫与环境的美化上。在不影响视线的情况下可将各种植物结合起来，这样既可丰富街景，又可创造出心旷神怡的感觉。

（2）遵循植物的生态特性，选择合适的植物种类

不同的植物其生长环境是不同的，何种植物适合何种地域必须依照植物的特性加以选择，以适应植物的生长，做到因地制宜，适地适植。比如在阴暗的环境下，应选择那些耐荫的植物；在阳光充足的地域，应种植喜阳性植物。

（3）合理的配置与种植密度

植物的种植密度是否合理，将直接影响到植物的绿化功能与美化效果。种植密度过大将影响植物的通风与采光，造成植物光合作用的减弱与生长不良，影响预期的绿化效果。

植物的配置应根据不同的目的和具体条件进行组合，如常绿树种与落叶树木、乔木与灌木、观叶与观花植物的配置，使植物的观赏性在一年中保持连续性和完整性。

2. 植物配置

（1）植物的观赏特性

在进行植物配置设计时，首先应当考虑植物的大小、色彩、形态、质地等植物的观赏特性。

植物的大小直接影响着空间范围、结构关系以及设计的构思与布局。按植物大小可将植物分为乔木、灌木和地被植物。大、中型乔木一般可达 9 ~ 12 m，具有在顶平面和垂直面上封闭空间的作用，其树冠群落的高度和宽度是限制空间的边缘和范围的关键因素。此外，大、中型乔木遮荫效果好，能屏蔽建筑物等大面积不良视线。小乔木高度通常在 4.5 ~ 6 m，适合于受面积限制的小空间，或设计要求较精细的地方（图 4-62）。灌木的高度为 0.3 ~ 4.5 m 不等，主要可用来围合空间、引导人流、屏蔽视线、提供背景等。灌木多处于人们的正常视域内，尺度感觉较亲切。地被植物指的是所有低矮、爬蔓的植物，其高度不超过 15 ~ 30 cm。地被植物可以作为室外空间的植物性"地毯"或"铺地"，还可以暗示空间边缘，引导视线，划分不同形态的地表面（图 4-63）。地被植物的运用与路面材料能形成一种对比，还可以在不同空间营造自然过渡的效果。

植物的色彩是最引人注目的观赏特征之一，会随着季节的变化而显示出不同的季相。植物的色彩应在设计中起到突出植物的大小和形态的作用。如将一株植物以大小或形态作为设计中的主景时，同时也应具备夺目的色彩，以进一步引人注目。在处理设计所需要的色彩时，应以中间绿色为主，其他色调为辅。这种无明显倾向性的色调像一条线，可将其他色彩联系在一起。各种不同色度的绿色植物，不宜过多、过碎地布置在总体设计中，否则，整个布局会显得杂乱无章。要在不破坏整体布局的前提下，慎重地配置各种不同的花色。鲜艳的花朵只宜在特定的区域内大面积地成片布置，位置要开阔，并且日照要充足（图 4-64）。

植物的姿态是指植物从总体形态与生长习性来表现的外部轮廓，它影响着植物景观的构图与布局统一性和多样性。人在欣赏植物景观时，总爱把个人的感情与植物相联系，从而体验不同的心理感受。在设计中应凸显植物的姿态特征，引导人们的视线，把植物的这种空间表达与人们的情感相

图4-62 纤细精致的小型乔木给拉斯维加斯市中心
密集的大体量建筑群带来一丝亲切宜人的感觉

图4-63 种类丰富的地被植物与碎石组成色调均衡的中庭

图4-64 草地的绿色调子衬托着一株株姿态优美的亚热带植物,配合连续曲线
的红、黄色灌木,色彩十分和谐

图4-65 各种姿态的植物相互衬托,形成美的构图

融通。植物的姿态可以分为垂直向上型、水平展开型、无方向型和特殊型。垂直向上型的植物如钻
天杨、雪松等,以其挺拔向上的生长之势强调了群体和空间的垂直感和高度感,并使人产生一种超
越空间的幻觉。这类植物宜用于表达严肃、静谧、庄严的空间气氛。水平展开型的植物如葡萄、爬
山虎等,既具有安静、平和、舒展、恒定的积极表情,又能营造空旷、冷寂的气氛。此类植物易形
成较好的平面效果,宜与地形的变化、场地的尺度、周围的建筑相结合,或作地被,或用以表现其
遮掩作用等。圆形、半球形、伞形、丛生形、拱枝形等都属于无方向型的形态。无方向型植物除自
然形成外,亦有人工修整而形成的,如黄榕球等。因其对视线的引导没有方向性和倾向性,故在应
用中不易破坏设计的统一性,其柔和平静的格调,多用于调和外形强烈的植物(图4-65)。

　　植物的质地是指植物材料的结构性质,可分为粗质型、中质型及细质型。粗质型植物一般是
指植物通常具有大叶片、疏松粗壮的枝干以及松散的树冠,如核桃、杜鹃、广玉兰等。中质型植
物是指具有中等大小的叶片、枝干以及具小密度的植物。通常多数植物属于此类型。细质型植物
则具有许多小叶片和微小脆弱的小枝,并具整齐密集而紧凑的树冠,如榉树、文竹等。不同质地
的植物材料的选择要与空间大小相适应,与环境相协调。大空间粗质型植物居多,粗糙的质地具
有刚健的性格特征;小空间细质型植物居多,则空间会因漂亮、整洁的质感而雅致。粗质与细

质的搭配，具有强烈的对比性，会产生"跳跃"之感。均衡地把握粗质型、中质型及细质型在方位及量上的合理配置，才能营造赏心悦目的景观（图4-66）。

总而言之，观赏植物的大小、形态、色彩和质地等，是设计师在使用植物素材时卓有效用的因素，应对其细心地研究，并将其与所有设计目的结合起来。

（2）植物的配置形式

植物类型不同，配置形式也有所不同，一般分为三类。

第一类是木本植物，其配置按平面形式分为规则和不规则两种，按植株数量分为孤植、对植、列植、丛植、群植、篱植等几种形式。

孤植是将植物进行独立的栽植，选用形态优美、色彩鲜明、体形高大、寿命长的植物，如松、柏、梧桐、银杏等。孤植往往需要一定的开阔空间，以便形成一定的观赏距离（图4-67）。

对植是将相同的植物或相似的植物品种，以轴线对称方式进行栽植，多应用于入口、广场或桥头两旁（图4-68）。

列植是将植物按一定的株距成行或成列种植，可以形成林荫广场。列植应选择树冠形状整齐，枝叶繁茂的植物种类（图4-69）。

丛植是由三株或三株以上同品种或不同品种的植物组合而成，是园林植物组合的普遍方式。丛植的植株形式可分为三株丛植、四株丛植、五株丛植等，平面布局通常采用不等边三角形的构图形式（图4-70）。

群植是将植物以群体的形式栽植，主要用来表现植物的群体美，以欣赏植物群落的层次、外缘、树冠等为主。

篱植属于列植的一种特殊栽植形式，它是以小型乔木或灌木密植成行的篱垣，用于开放空间的围合、屏障及引导。篱植在欧洲园林中已有较长的历史，应用比较广泛，比如将常绿植物修剪成低矮的窄篱作为道路、花坛的镶边等（图4-71）。篱植依据植物的高度可分为高篱、中篱、矮篱。篱植按植物的品种及观赏性可分为绿篱、花篱、果篱、落叶篱、刺篱、蔓篱等。

第二类是花草植物的配置。花草植物品种繁多，色彩丰富，质地与形状各异，具有良好的观赏性。若要花卉植物在园林中起到良好的作用，合理的配置设计无疑是相当重要的。花卉植物的配置形式主要有花坛、花池、花台、花钵、花箱、花境等（图4-72）。

第三类是草坪。草坪是景观设计中常用的植物材料。一方面草坪本身具有吸附尘土，防止水土流失，改善生活环境的作用，另一方面草坪所形成的空间环境具有广阔的视野，能够引导视线，增加景深层次，充分展示地表的形态美。草坪的种植类型总体可分为纯一草坪、混合草坪和缀花草坪三种类型。

图4-66 小小的庭院中配置了种类、姿态、季相、质感各不相同的植物，错落有致，生机勃勃

图4-67 新加坡某住宅屋顶花园的水池中孤植鸡蛋花树，景观照明强化了其视觉焦点效果图

图 4-68 俄亥俄州都柏林纪念地入口对植的枫树

图 4-69 纽约世贸中心遗址，周边广场上列植白橡树，当人们从嘈杂街道进入林下空间时，心灵和情绪得到平复和沉静。夏日，广场上浓荫避日，为人们提供一个休息冥思的清凉环境

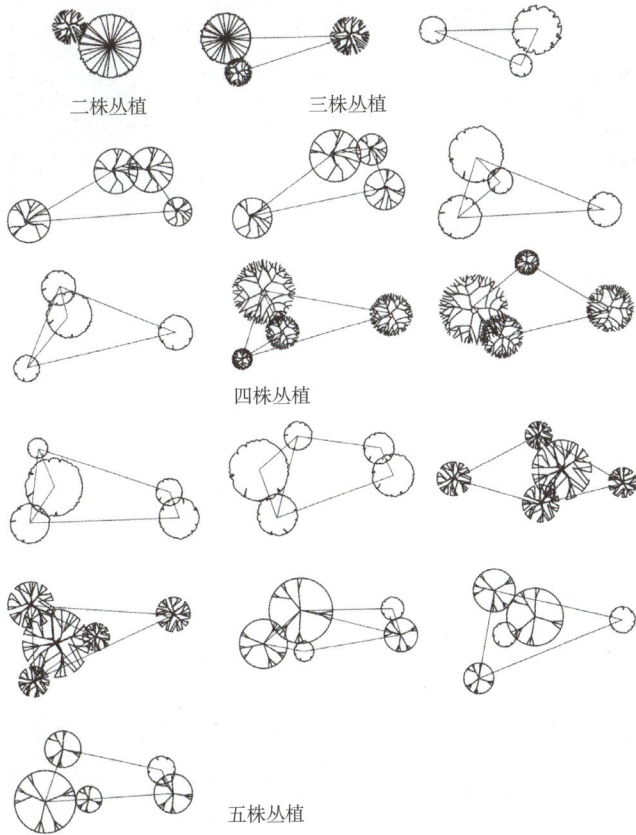

二株丛植　　三株丛植

四株丛植

五株丛植

图 4-70 丛植的构图形式

图 4-71 绿篱强化了庭院内向性和封闭感

图 4-72 日本百段苑，以白砖砌筑成的百格菊科花坛与山坡地形有机结合，景色壮观

四、水

水对于造景有着很重要的作用，在整体环境上可营造一种宁静、幽雅的氛围，在视觉上则会产生很强的视觉冲击力。自然界中有江河、湖泊、瀑布、溪流和涌泉等自然水景。水景设计既要师法自然，又要不断创新。水景设计中的水大致可以分为平静的、流动的、跌落的和喷涌的四种基本形式。设计中往往不止使用一种，可以以一种形式为主，其他形式为辅，也可以几种形式相结合。

1. 水的特性

水景设计不能孤立地考虑，应充分利用水的各种特性，综合考虑。例如可利用水的下面一些特性：① 水本身透明无色，但水流经水坡、水台阶或水墙的表面时，这些构筑物饰面材料的颜色会随着水层的厚度而变化；② 宁静的水面具有一定的倒影能力，水面会呈现出环境的色彩，倒影的能力与水深、水底和壁岸的颜色深浅有关；③ 急速流动的、喷涌的水因混入空气而呈现白沫，例如混气式喷泉喷出的水柱就富含泡沫；④ 当水面波动时，或因水面流淌受阻不均匀而产生湍流时，水面会扭曲倒影或水底面图案的形状等。另外，在设计水坡或水墙时，除了色彩外，还要考虑坡面和墙面的质感，表面光滑的质感，水层清澈；表面粗糙的则水面会激起一层薄薄的细碎白沫层（与坡面的倾角有关）。若在坡面上设计几何图案浮雕，则水层与坡面凸出的图案相激会产生很好的视觉效果。水池的池底可用深色的饰面材料增加倒影的效果，也可用质感独特的铺面材料做成图案（图4-73 ~ 图4-75）。

水景设计还可以再现水的自然特征，利用水从源头（喷涌的）到过渡的形式（流动的或跌落的）再到终结（平静的）的运动过程，创造水景系列，融不同的形式于一体，处理得体则会有一气呵成之感（图4-76a和图4-76b）。

2. 水的尺度和比例

尺度和比例是景观水体设计的关键因素。在把握水体尺度时应考虑两方面问题。

一是水体要素的尺度与整体环境的比例关系问题。一般情况下应根据其功能和空间层次的需要来确定水体要素的尺度，使之与整体环境相协调，过大的水面散漫、不紧凑，难以组织，而且浪费用地；过小的水面局促，难以形成气氛。把握设计中水的尺度需要仔细地推敲所采用的水景设计形式、表现主题、周围的环境景观。小尺度的水面较亲切宜人，适合于宁静、不大的空间，例如庭院、花园、城市小公共空间；尺度较大的水面浩瀚缥缈，适合于大面积自然风景、城市公园和巨大的城市空间或广场。无论是大尺度的水面，还是小尺度的水面，关键在于掌握空间中水与环境的比例关系（图4-77和图4-78）。

图4-73 巴黎拉·德方斯的水景，平静的水面下是色彩绚丽的图案

图4-74 跌落式水景

图4-75 哈佛大学内的泰纳喷泉，从石阵中央喷出的水雾透着史前的神秘感

水池
喷泉
水渠
水池

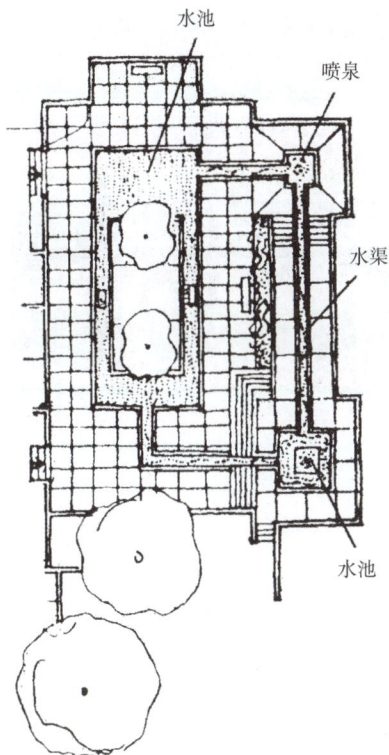

图 4-76a，图 4-76b　哈普林设计的麦克英特瑞花园，运用喷泉、水帘、跌水、水池等多种水景形式表现了水体运动的完整过程

图 4-77　美国基督教科学总部的水面，长约 200 m，宽约 20 m，对城市空间而言，其尺度无论如何都是十分巨大的，但是，这组水景却与四周摩天楼群有着朴素、相称的构图关系，浩瀚的水面在这样巨大的城市空间之中仍然保持着良好的比例关系

图 4-78　托马斯·丘吉设计的唐纳宅园中柔和的曲线形水池尺度与周围的环境十分协调，整个空间充满亲切感

　　二是人与水体的尺度关系。这个问题关系到水景的设置是否能满足人的亲水需要。如水岸的高度、水体的深浅、水域的面积等均影响到人与水体的亲近程度。当水体的尺度能够使人近距离接触时，水体所具有的特质会感染人的情绪，带来愉悦与兴奋。相反，人只能以视觉感知水的存在，水体对人的感染力会降低（图 4-79）。

3. 水的造景手法

（1）基底作用

　　大面积的水面视域开阔、坦荡，有托浮岸畔和水中景观的基底作用。当水面不大，但在整个空间中仍具有面的感觉时，水面仍可作为岸畔或水中景物的基底，产生倒影，扩大和丰富空间。例如，泰姬陵，院中宁静的水面使建筑的立面更加完整和动人，如果没有这片简洁的水面，则整个空间的质量就要逊色得多（图 4-80）。

图4-79 哈普林设计的西雅图高速公路公园，高低错落的平台与水体有机结合，为人们提供了亲水的机会

图4-80 泰姬陵前的水池

（2）系带作用

水面具有将不同的园林空间、景点连接起来产生整体感的作用。当众多零散的景点均以水面为构图要素时，水面就会起到统一的作用。例如，在苏州拙政园中，众多的景点均以水面为底，其中许多建筑的题名都反映了与水面的关系，如海棠春坞、倒影楼、塔影亭、荷风四面亭、香洲、小沧浪、远香堂等名称中的坞、倒影、塔影、荷、洲、沧浪、远香（即荷花）都与水有着不可分割的联系，只不过有的直接有的间接而已（图4-81）。

（3）焦点作用

喷涌的喷泉、跌落的瀑布等动态形式的水的形态和声响能引起人们的注意，吸引人们的视线。在设计中除了处理好它们与环境的尺度和比例的关系外，还应考虑它们所处的位置。通常将水景安排在向心空间的焦点上、轴线的交点上、空间的醒目处或视线容易集中的地方，使其突出并成为焦点。可以作为焦点水景布置的水景设计形式有喷泉、瀑布、水帘、水墙、壁泉等（图4-82）。

（4）整体水环境设计

美国20世纪60年代的城市公共空间建设中出现了一种以水景贯穿整个设计环境，将各种水景形式融于一体的水景设计手法。它与以往所采用的水景设计手法不同，这种以整体水环境出发的设计手法将形与色、动与静、秩序与自由、限定和引导等水的特性和作用发挥得淋漓尽致，并且开创了一种能融改善城市小气候、丰富城市街景和提供多种目的与使用于一体的水景类型。

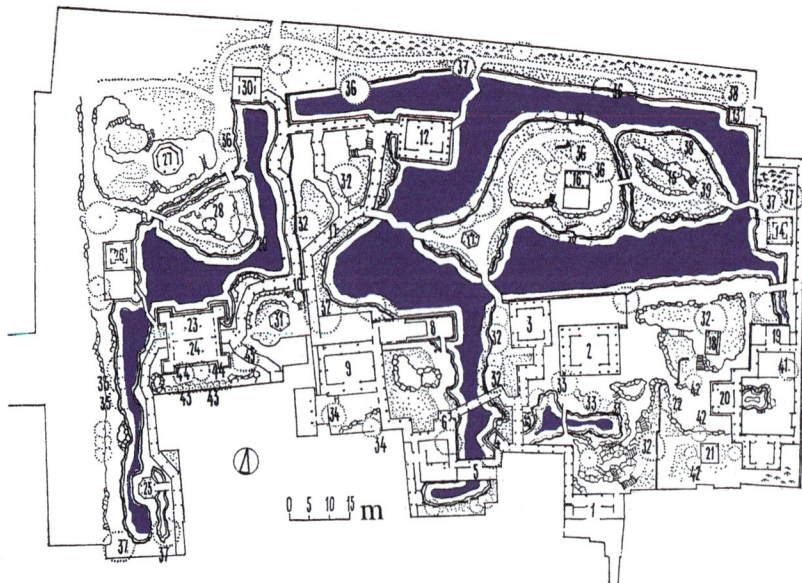

图4-81 苏州拙政园的水系将各个景点联系成整体

图4-82 斯图加特国际园艺博览会园区景观,壮观的水景吸引了人们的视线

图4-83 美国波特兰大市大会堂前广场的水景堪称整体水景的杰作

最为著名的是劳伦斯·哈普林事务所设计的美国波特兰大市大会堂前广场的水景（图4-83），该水景堪称美国至今所建成的水景中最为精彩、别具匠心的杰作。除此之外，波特兰大的拉夫乔伊广场水景、明尼波里斯的皮维广场水景等也都是整体水环境设计的典型例子。

4. 水与相关要素的配置

（1）水体与植物的配置

水体植物的配置可根据栽植的区域分为堤岸栽植与水面栽植。堤岸植物的配置要结合岸边地形、道路、岸线布局，有近有远，有疏有密，有断有续，曲曲弯弯，自然成趣。通常堤岸边的植物，以乔木遮荫、护岸、成景，灌木、草皮和地被植物用以挡景、固水土、护驳岸、丰富水岸色彩（图4-84）。

水面植物的栽植应根据水体的尺度、体量进行合理的配置。水面的植物景观要低于人的视线，与堤岸景观相呼应，加上水中倒影，最宜观赏。在以水体为主的景观中，可适当在水体局部配置一些水生植物，切忌拥塞整个水面，应留出足够空旷的水面来展示倒影（图4-85）。

（2）水体与山石的配置

水体与山石的结合，是园林造景的重要环节。石能固岸、坚桥、围池作栏，又能置立壁引泉作瀑，伏池喷水成景。在石与水的配置上，要根据具体素材，反复琢磨，取其形，立其意，借状天然，方能"片山多致，寸石生情"（图4-86 ~ 图4-89）。

（3）水体与桥

水与桥有着密不可分的关系。桥是联系水体两岸的一种建筑设施，应根据环境中水体的位置、面积、形状、水量等种种情况进行设置，并与水体的景观相协调。小桥流水已成为园林水景的经典景色。桥的形式丰富，千姿百态不可胜数，其中不乏精巧简洁之作，其装饰性、趣味性甚至超过其本身的交通使用功能（图4-90和图4-91）。

图4-84 多层次绿化勾勒出曲线型的水岸，与直线型的小桥形成对比

图4-85 莎顿庄园水中的睡莲与岸边的草坪、白色雕塑及水中倒影共同构成一幅静谧的画面

图 4-86 卵石石滩使草地自然过渡到水面

图 4-87 大小与形状各异的石块构成了河岸，成为游人亲水的理想场所

图 4-88 水从陡峭的山石中跌落下来形成壮观的瀑布

图 4-89 水流、池塘与巨石、乱石墙自然交融

图 4-90 水面上木质的圆形汀步，增添了水景的趣味性

图 4-91 华盛顿州某快速路上的景观桥，不仅满足了步行和骑自行车的需要，还提供了休息、科普的场所，同时保护了原有绿化的延续性

图 4-92 粗糙不平的石块铺装与玻璃、钢架结构的现代建筑形成鲜明的对比

图 4-93 小天井内鹅卵石与苔藓植被交错铺装，构成精致独特的地面效果

五、铺装

地面铺装是景观的构成要素之一，具有限定空间、指示方向、引导视线、美化环境、反映地域文化特色等功能。铺装设计通过精心推敲"地"的形式、图案、色彩和材料可以获得丰富的环境，提高空间的质量。

景观铺装可分为软质铺装与硬质铺装。软质铺装主要以地被植物覆盖地面，具体内容详见植物要素设计。硬质铺装是以硬质材料对裸露地面进行覆盖，形成一个坚固的地表层，既可防止尘土飞扬，又可作用车辆、人流聚集的场所。下面主要讨论硬质铺装的设计。

1. 铺地的材料选择与要求

室外环境地面的硬质铺装可选用的材料范围比较广泛，如天然石材（规则的与不规则的）、鹅卵石、石子、砖、水泥、专用铺地砖、木材等。不同的材料在交通和视觉作用上各有特点，选择材料时可考虑下面一些因素。

① 空间中地的使用性质，包括交通和视觉两方面。

② 控制使用时，可用水面或行走不易的材料。

③ 表面有令人愉快的色彩、图案、质感。

④ 避免使用易产生噪声、反光和起灰尘的材料。

⑤ 较耐用，不易磨损的材料应该用于要求使用强度较高的地段。

⑥ 材料来源方便、养护容易、费用低。

2. 铺地材料的种类及其铺装形式

（1）石材的铺装

石材是地面铺装常用的材料，石料可以是自然的型材，也可以是加工过的规整型材。

铺装形式可根据设计的意图进行规划，主要有自由式、规则式两种。

自由式铺装是以没加工过的自然石材进行铺装，路表面的平整度较差，需用水泥勾缝固定或埋入地中（图 4-92）；鹅卵石铺装也属于自由式铺装，通过刻意的安排，可形成美丽、复杂的图案，尤其是将大小不同、颜色各异的鹅卵石以一定的方式组合，可产生不同凡响的效果（图 4-93）。

规则式铺装采用经人工加工过的，且尺度一致的石材，进行有规律的铺装，形式上多以几何形构图为主（图 4-94）。

（2）广场砖的铺装

广场砖是由人工制造的一种仿石质铺装材料，具有很好的强度和硬度，是地面铺装常用的材料之一。在形式、色彩、质感上有多种选择，比如在砖型上有六角形、三角形、梯形、方形等，且表面粗犷质朴，砖面的色彩有红、黄、棕等。砖的铺设可根据砖的形状进行相应的组合，并以砖色加以区分，铺砌出多种几何式图案形式（图 4-95）。

图 4-94　规则式自然石板铺地与木构建筑、灯具、细竹共同构成 一副和谐静谧的画面

图 4-95　广场砖铺砌出的图案

（3）混凝土的铺装

混凝土是一种坚硬、无弹性的材料，其优势在于它的经济性（价格便宜）和易实施性。如施工期间实施一定的效果处理，可使之形成一定的表面效果，起到装饰作用。比如在混凝土潮湿时，经人工的刷、擦显露出混凝土中的碎石成分；在混凝土表面没凝固时压印上一些物体轮廓，形成一定的装饰性；在预制时，事先设定好一定的形状等（图 4-96）。

（4）黏土砖（火烧砖）的铺装

黏土砖作为建筑用砖，也常常用于地面的铺装。在铺装过程中依据砖的拼接方式，可形成不同的表现形式（图 4-97）。

（5）木材铺装

地面的木质铺装多应用于一些小面积的局部铺装，常作为点景需要。木质铺装能给人舒适、亲切、温暖的感觉（图 4-98）。

3. 铺装的设计手法

为了创造视觉层次丰富的空间，应把握铺装的材料选择、平面形状、图案、色彩、质感、尺度等。常用的设计手法有以下几种。

（1）针对不同功能和性质的环境选择恰当的铺装材料。例如成年人的活动场地和儿童乐园对地面铺装材料的要求会有所不同（图 4-99），城市广场的铺装与住宅庭院的铺装也应有所区别（图 4-100 和图 4-101）。即便都是居住区的铺装，也应根据具体的道路等级、场地用途来选择适合的材料（表 4-2）。

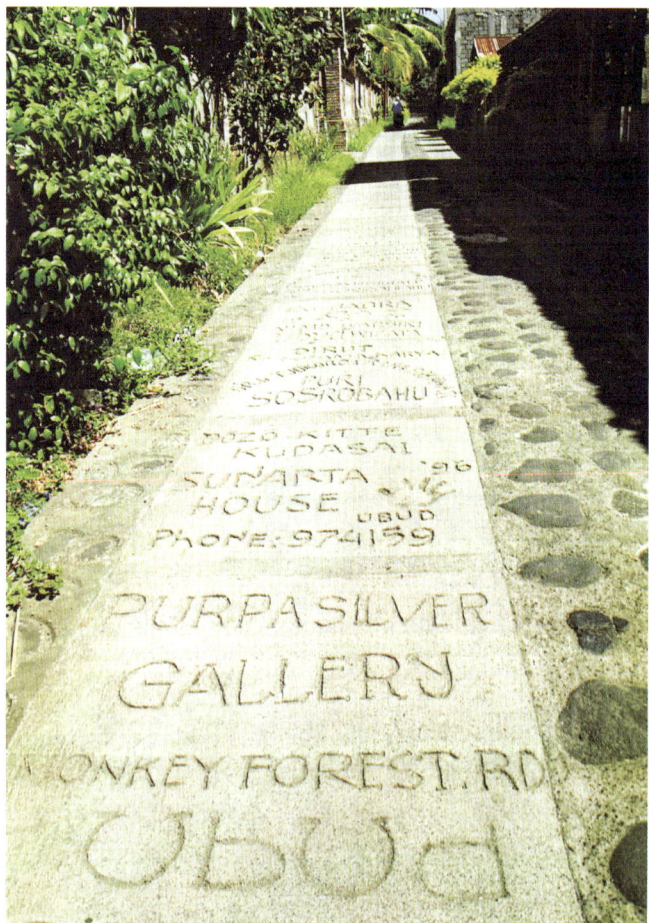

图 4-96　巴厘岛上以当地路名和人名为主题创作的混凝土路面，极富趣味和变化

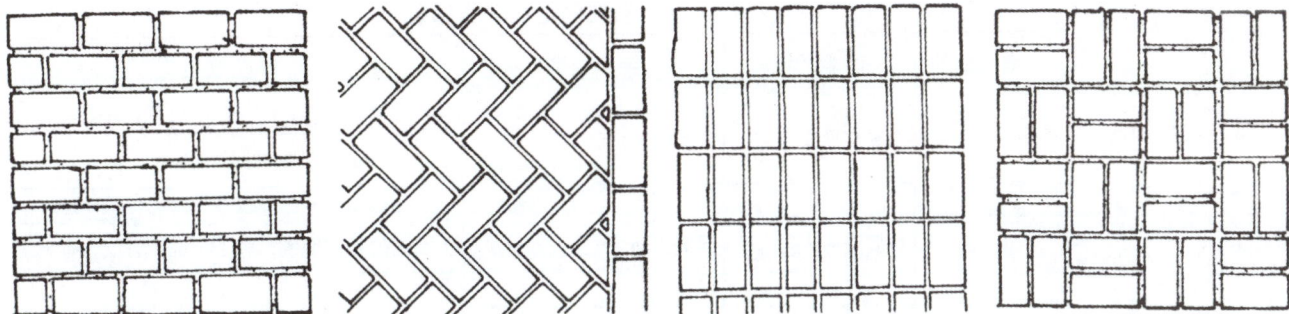

順砌铺装　　　　　　　　人形拼砌　　　　　　　　对拼铺装　　　　　　　　席纹铺装

图 4-97　常见的黏土砖铺砌形式

图 4-98　杭州新西湖景区宽阔的木质栈道将游人引向临水的亭台，也为人们提供了小憩的空间

图 4-99　儿童活动场地采用塑胶材料铺装，提高了环境的安全性

图 4-100　色彩活泼的地面铺装使广场富有活力，旱地喷泉、下水口和照明地灯被巧妙结合在图案设计中

图 4-101　庭院地面采用小尺度地砖铺装，简洁平和，很好地衬托了水景墙

表 4-2　　　　　　　　　　　　　　　　居住区地面分类铺装

道路级别	功能区域	铺装材料	铺设效果
居住区主干道	主要交通车行道	混凝土、沥青	坚固耐用，抗压性强，防腐蚀，耐磨施工与维护方便，适应各种曲线的路面
	主要交通人行道	混凝土砖	防滑、耐用、抗压性较强、色彩丰富，地纹多为简洁的几何线条，施工与维护方便，有利于管线的铺设
居住区次干道	居住区入口	混凝土、沥青、混凝土砖	坚固耐用，抗压性强，色彩选择性较大，地纹形式自由，施工与维护方便
	居住区车行道	混凝土、沥青、混凝土砖	坚固耐用，抗压性强，防腐蚀，耐磨，施工与维护方便，适应各种曲线的路面
	居住区步行道	混凝土砖、陶瓷广场砖、花岗石、石灰石	防滑、耐用、抗压性一般、色彩、质地、纹理丰富施工与维护方便，有利于管线的铺设
	居住区停车场	沥青、混凝土砖、植草砖	抗压性较强、透水性极佳，施工方便，需经常养护（植草砖）
居住区单元级道路	中心广场	陶瓷广场砖、花岗石、石灰石	防滑、耐用、抗压性较强，色彩丰富、图形变化大
	景观观赏区	陶瓷广场砖、花岗石、石灰石、青石板、青砖、洗石子、鹅卵石	美观、防滑、抗压性一般，色彩选择性大、地纹的变化丰富、风格明显，施工方便、成本较高、保养不易（砂石）
	老年人休息活动区	青石板、花岗石、石灰石、洗石子、鹅卵石	防滑、平整、美观、抗压性一般，色彩选择性大、地纹的变化丰富、风格明显，施工方便、成本较高、保养不易（砂石）
	健身区	软质塑材、草坪（人工）、陶瓷广场砖	防滑、美观、抗压性一般，色彩丰富、质地柔软，施工方便、成本较高、保养不易
	儿童游戏活动区	软质塑材、草坪（人工）、细沙	防滑、美观、抗压性一般，色彩明快、图形造型变化多，施工方便、成本较高、保养不易
	居住区服务区	混凝土砖、陶瓷广场砖、花岗石、石灰石	防滑、耐用、抗压性较强，色彩、质地、纹理简洁且导向性强，施工与维护方便，有利于管线的铺设
居住区宅间小道	单元前公共通道	陶瓷广场砖花岗石、石灰石青石板、鹅卵石	防滑、耐磨、平整、抗压性一般，色彩、图形纹理丰富，施工与维护方便，成本较高
	连接单元级道路的辅助通道	混凝土砖、陶瓷广场砖、花岗石	坚固耐用，抗压性强，防腐蚀，耐磨，施工与维护方便，适应各种曲线的路面且导向性强

（2）充分发挥材料本身所固有的质感特点和美感，在进行材料质感的选择与组合时，要注意整体效果的把握。铺装中采用同一材料，易使铺地达到整洁和统一的效果；采用相似材料，在变化中求统一，则能体现铺地柔和的美；采用质感对比强烈的材料，则可以使铺地产生强烈的视觉效果，醒目独特，但必须谨慎运用（图 4-102）。

质感的处理还要与色彩的变化同时考虑。一般来讲，如果色彩运用较简单，则材料的质感处理手法可多一些；而如果色彩变化较多，色彩、纹样都很丰富，则材料的质感处理应以简单为宜（图 4-103）。

（3）设计中应考虑地面的图案、分格，尽量避免大面积单一地使用一种材料铺装地面。地面若用硬质材料，应注意地面的分格（图 4-104）。若空间构成简洁，可结合空间的形状、色彩、

图 4-102　通过材质对比使地面产生一定的韵律感

图 4-103　碎瓷片铺地，色彩和图案变化丰富

图 4-104　意大利玛泰奥蒂广场，广场砖铺砌出变化丰富的地面图案，也限定了不同的空间

图 4-105　德克萨斯科技大学医学院花园通道上独具特色的铺装

图 4-106　解构主义风格的屋顶花园，铺装图案是其特色之一

风格，对地面作些精心安排，使空间稍有变化。利用精心设计的铺地图案还可以表现环境的历史文化内涵，强化场所精神（图 4-105 ）。

（4）屋顶或建筑天井等类似的低视面也可按地面的处理方式设计，但应注重平面构图、图案的设计、色彩和质感的应用（图 4-106），对一些不上人的屋顶或建筑天井，不必过多地考虑使用功能，可以使用地面上不易使用的、以观赏为主的材料。

第四节　不同类型的景观设计

一、城市开放空间景观设计

城市开放空间一般指室外的公共空间，包括街道、广场、公园和自然风景区等。开放空间不但给城市居民提供了娱乐休闲的空间，也是交通、休憩、文化教育等多种职能的载体，同时有利于提高城市的防灾能力。开放空间景观上的价值也是不可忽视的，我们对一个城市风貌的印象大多数都是来源于城市的开放空间。

（一）现代公园景观设计

现代公园的基本功能是为城市市民提供休憩环境，公园一般以绿地为主，辅以水体和游乐设施等人工构筑物。从城市环境角度来看，公园就是"城市的肺"。当今世界上也出现了很多不同类型的城市公园，例如因举办某类大型活动而兴建的主题公园、世界博览会园区、奥林匹克公园等都属于这一类型；也有利用原来城市地貌改建成的公园，例如海滨公园、滨湖公园和森林公园等；还有为纪念某个名人或事件修建的公园、雕塑公园、袖珍公园等。

一般情况下，公园的设计需要注意以下几点。

1）完备的附属设施

要想让游人乐此不疲，完备的服务设施相当重要，餐厅、厕所、垃圾桶、公共标识等设施必不可少。

2）新颖的游乐策划

能否吸引游客，能否使公园充满活力，游乐项目的策划和公园的成功与否息息相关。

3）公园的文化特色和地方特色相结合，创造有地方性的景观特色

近年来在现代公园景观设计中后工业公园设计备受关注。后工业公园是指在废弃工业场地的基础上，通过对场地土壤、地形、植被等自然要素和厂房、车间等工业建筑和工业设施进行改造与再利用，为人们提供户外休息、运动、观赏、游戏和休闲娱乐等需要的公共空间和绿地。后工业公园属于后工业景观的一个分支，开始于20世纪60年代的美国，20世纪八九十年代英、法、德等国家在建造后工业公园方面进行了大量实践并取得了极大的成功，巴黎拉维莱特公园等都是这一时期的优秀案例。20世纪90年代后期我国东部发达城市特别是大城市的经济发展也出现后工业化的端倪，随即也出现了后工业景观设计的实践，代表作为俞孔坚设计的中山歧江公园，原址为粤中造船厂，设计保留了中国大地20世纪五六十年代工业建设时期的工厂遗迹，并将其作为符号化的处理，尊重并延续了地段的历史。同时通过对场地乡土植被的保护和适应水位变化的滨水空间的设计，综合满足了生态、功能和美学的要求（图4-107）。公园通过新的设计强化场地及景观作为特定文化载体的意义，表现了"足下文化"和"野草之美"，成为国内第一个强调和尊重工业地段历史和循环利用工业设施的公园设计。与新建的公园设计相比，后工业公园的设计理念中强调对工业遗存的保护和再利用，注重对受污染水体的整治和植被的恢复，是基于对整体生态环境的整治和对工业历史文脉的延续而进行的景观设计。

公园景观设计实例：

1. 纽约佩雷公园（图4-108和图4-109）

位于纽约53号街的佩雷公园是第一个袖珍公园，建于1965-1968年。设计师泽恩在40英尺×100英尺大小的基地的尽端布置了一个水墙，潺潺的水声掩盖了街道上的噪声，两侧建筑的山墙上爬满了攀缘植物，作为"垂直的草地"。广场上种植的刺槐树的树冠，限定了空间的高度。泽恩称这个小广场为"有墙、地板和天花板的房间"。树下有一些轻便的桌子和座椅，入口的小商亭还提供便宜的饮料和点心。对于市中心的购物者和公职司员来说，这是一个安静愉悦的休息空间。佩雷公园被一些设计师称赞为20世纪最有人情味的空间设计之一。

图 4-107 中山歧江公园景观设计中保留了船厂中的铁轨、水塔等历史的片断，将旧船务改造成艺术馆

图 4-109 佩雷公园景观

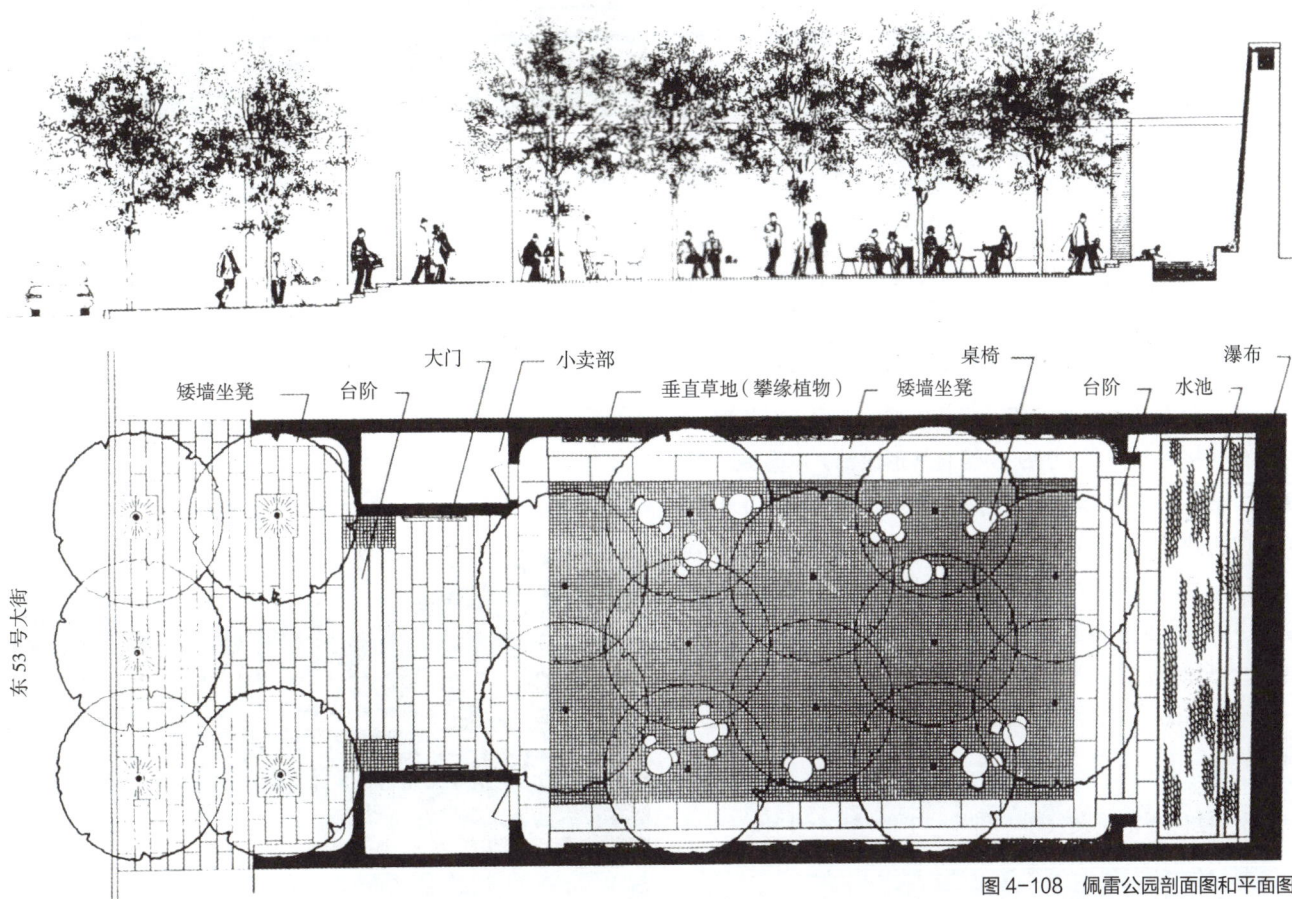

矮墙坐凳　台阶　大门　小卖部　垂直草地（攀缘植物）　矮墙坐凳　桌椅　台阶　水池　瀑布

东 53 号大街

图 4-108 佩雷公园剖面图和平面图

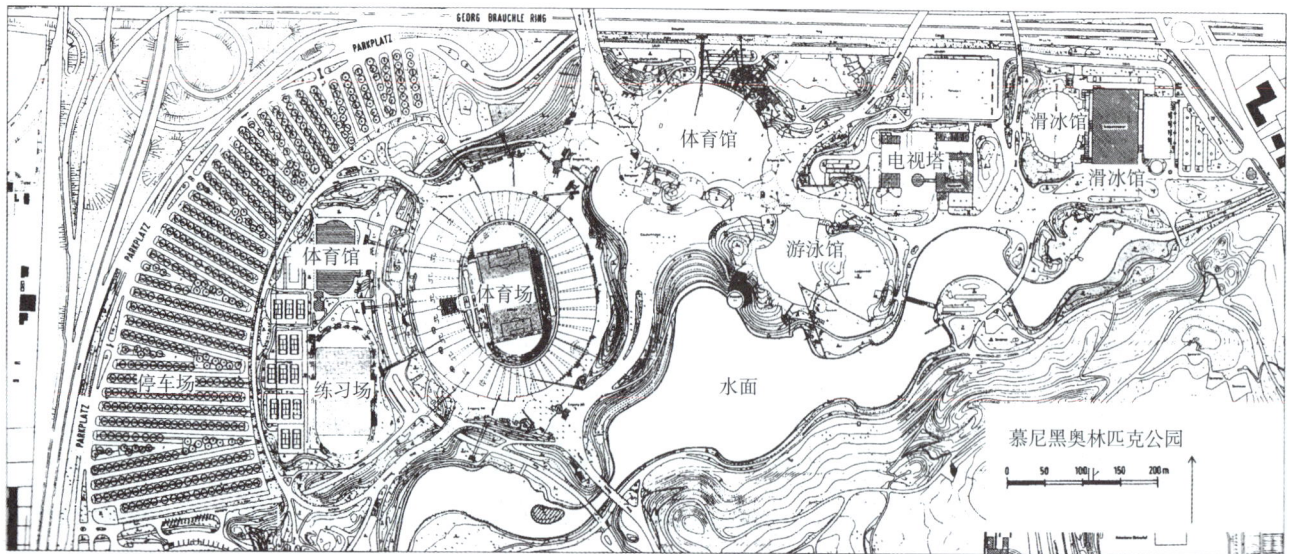

图4-110 慕尼黑奥林匹克公园平面图

2. 慕尼黑奥林匹克公园（图4-110～图4-112）

慕尼黑奥林匹克公园是德国景观设计师格茨梅克设计的最重要的代表作品。公园位于慕尼黑北部，距市中心4 km，1972年第20届夏季奥运会在此举办。公园基址原是一块极为荒凉的空地，周围是兵营及工业用地，南部是二战后由城市中清理出的废墟瓦砾所堆积的高60 m的小山，地段一直作为练兵场来利用。公园规划的目标是要把奥运会办成"绿色的奥运会"，同时，在规划时就考虑了运动会结束后的使用问题，体育设施要成为市民健身和文化活动的场所，运动员村成为居民区和大学生宿舍，绿地则是市民休闲娱乐的公园。

整个场地被城市中环路分为两部分，北边是运动员村，南边是140 hm²的奥运公园。由纽芬堡花园引来的水穿过公园，在公园的中心形成一个水面。水体北部是体育场、体育馆、游泳馆、自行车赛场等体育设施，南部是绿地山景。

公园在平面和立体上都采用流线型的布局，与帐篷式的体育建筑浑然一体。建筑物结合地形设计，尽量减小尺度。由于采用悬索结构，建筑物的墙体和屋顶均采用大面积的玻璃建造，减少了建筑对绿地在视线上的分割。奥运公园已成为慕尼黑市民喜爱的一处休闲公园。每到周末，公园中都有大型的体育比赛。假日里人们在此散步、跑步、骑车、打球、登山、野营、享受日光浴和观赏风景，更有一些不知名的歌手在湖边的露天剧场演唱，冬天可以滑雪、滑冰。

3. 杜伊斯堡风景公园（图4-113～图4-118）

面积200 hm²的杜伊斯堡风景公园坐落于杜伊斯堡市北部，这里曾经是有百年历史的A. G. Tysseil钢铁厂，尽管这

图4-111 慕尼黑奥林匹克公园，建筑与环境有机结合

图4-112 慕尼黑奥林匹克公园游泳馆外的下沉式剧场

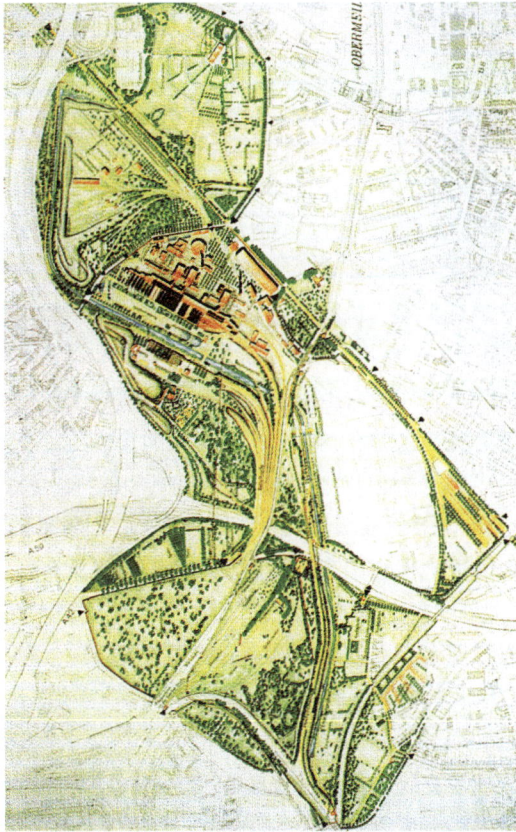

图 4-113　杜伊斯堡公园平面图

图 4-114　杜伊斯堡公园利用原有的建筑和循环水系统建造的水园

图 4-115　杜伊斯堡公园中由铁板铺成的"金属广场"

图 4-116　杜伊斯堡公园中的高墙成为登山爱好者的训练场所

图 4-117　杜伊斯堡公园中原有的料仓变成不同主题的小花园，料仓上是步行道

图 4-118　杜伊斯堡公园内由高架铁路改造的步行系统

座钢铁厂在历史上曾辉煌一时，但它却无法抗拒产业的衰落，于 1985 年关闭了，无数的老工业厂房和构筑物很快淹没于野草之中。1989 年，政府决定将工厂改造为公园，成为埃姆舍公园的组成部分。拉茨的事务所赢得了国际竞赛的一等奖，并承担设计任务。1994 年公园部分建成开放。设计从全新的视角看待工业废弃地的价值，采用独特的设计思路和手法对这片废墟进行了大胆的改造。

首先，工厂中庞大的建筑和货棚、矿渣堆、烟囱、鼓风炉、铁路、桥梁、沉淀池、水渠、起重机等构筑物都予以保留，部分构筑物被赋予了新的使用功能。公园的处理方法不是努力掩饰这些破碎的景观，而是寻求对这些旧有的景观结构和要素的重新解释。设计也从未掩饰历史，任何地方都让人们去看、去感受历史，建筑及工程构筑物都作为工业时代的纪念物保留下来，它们不再是丑陋难看的废墟，而是如同风景园中的景物，供人们欣赏。

其次，工厂中的植被均得以保留，荒草也任其自由生长，工厂中原有的废弃材料也得到尽可能的利用。红砖磨碎后可以用作红色混凝土的部分材料，厂区堆积的焦炭、矿渣可成为一些植物生长的介质或地面面层的材料，工厂遗留的大型铁板可成为广场的铺装材料……

最后，水可以循环利用，污水被处理，雨水被收集，引至工厂中原有的冷却槽和沉淀池，经澄清过滤后，流入埃姆舍河。拉茨最大限度地保留了工厂的历史信息，利用原有的"废料"塑造公园的景观，从而最大限度地减少了对新材料的需求，减少了对生产材料所需能源的索取。

由于原有工厂设施复杂而庞大，为方便游人的使用与游览，公园用不同的色彩为不同的区域作了明确的标识：红色代表土地，灰色和锈色区域表示禁止进入的区域，蓝色表示为开放区。公园以大量不同的方式提供了娱乐、体育和文化设施。

杜伊斯堡风景公园的设计基于对工业遗存物的保留和美学欣赏，在展现工业时代真实历史的同时，运用生态的手段有效处理和恢复工业废弃地的生态环境，并启发人们对公园的含义与作用的重新思考，堪称后工业公园的经典作品。

（二）城市广场景观设计

1. 城市广场的构成要素

现代城市广场是以集会休闲为目的的人流高密度场所。形象、功能、环境是构成广场的三要素。

形象可理解为广场的特色，它反映出一个地域或城市的风俗、文化积淀及大众审美取向等。当人们置身其中时能够了解不同的地域文化，享受其优美、舒适的环境。重要的城市广场往往也可以代表一个城市的形象。

功能是指广场的合理使用性。广场仅有美的视觉感官要素是不够的，还要满足人们在行为活动上的需要。广场所承担的功能有集会、集散、展示、纪念、健身、表演、休闲等。不同性质的广场在功能上各有侧重，广场设计必须考虑到自身的功能特点、人流状况、交通流量和容量，同时还要考虑到周边环境情况，只有这样才能对公众产生亲和力与吸引力。

环境是指广场的自然与人工的景观。与功能相比，环境营造是显而易见的。环境的好坏会直接影响到对公众的吸引力和景观的构建。广场环境的构建要结合广场的功能特点、不同人群户外活动的需求和城市地域文化特征，综合运用空间、植物、公共艺术小品、水体、铺装等景观元素，营造具有自然特色和文化内涵的城市空间环境。

2. 城市广场的类型及其设计

城市广场按其地形变化可分为水平式、提升式和下沉式三种类型。水平式广场的地坪没有层次上的地势落差变化。交通集散、商业街等广场多采用这一形式。提升式广场的地坪比水平面有一定抬升，而下沉式广场的地坪比水平面有一定降低。抬升与下沉式比水平式广场具有空间层次的变化。但要注意起伏要适度，既不能过高也不能过低，否则会对人的心理及行为产生影响。

城市广场按其性质及功能划分为：市政广场、纪念广场、交通广场、休闲广场、文化广场等。

图4-119 东京都新厅舍的中心广场

图4-120 林肯纪念堂广场设计中运用对称的手法，烘托了庄严肃穆的气氛

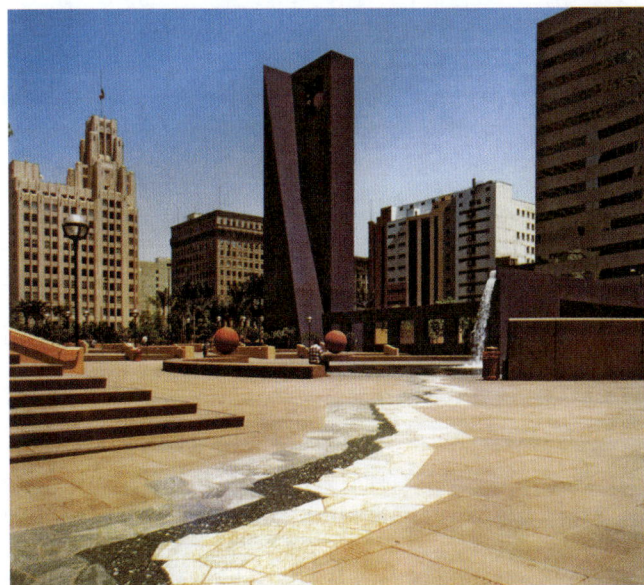
图4-121 洛杉矶珀欣广场，开放的空间形态、色彩鲜艳的景观小品、具有隐喻意义的地面铺装以及绿化为市民提供了一处优美宜人的休憩娱乐场所

（1）市政广场

市政广场一般位于城市的中心位置，是一个城市的象征，如北京的天安门广场。广场的布局多以规则形式的轴线设置，并在其轴线位置上设置标志性建筑物（雕塑），用来加强广场稳重、严整的氛围。市政广场空间区域一般很大，既可为人们提供一个自由的活动场所，又可作为城市主要庆典的集会场所。其构成形式有两大类：一是以硬质材料为主体的铺地形式；二是以绿化为主体的形式（图4-119）。

（2）纪念广场

针对某一特定的历史事件或某一人物而修建的具有纪念、缅怀性质的广场。纪念性广场需一定的集会空间，并在广场的视觉中心点处设置纪念性的标志物，广场周边以规则的种植方式配置植物（图4-120）。

（3）休闲广场

休闲广场主要是为市民提供休息、娱乐、游玩的空间场所，以方便人们的使用为目的，常常与绿地、水滨、商业娱乐建筑等结合设置。休闲广场的规模可大可小，形式上灵活多样。在空间的布局上，既可是单一的空间，也可由多个小空间环境组合而成（图4-121）。

（4）文化广场

文化广场是为了展示某些文化历史而采用的一种表现形式。文化广场必须有明确的主题，但没有固定的模式要求，可根据场地环境、表现内容等因素进行设计（图4-122）。

（5）交通集散广场

此类广场主要设置于交通枢纽区域，其设计重在组织不同类型的交通流线，设置明确醒目的标识系统和完善的服务系统，为行人的出入和休息提供必要的空间和场所。景观设计应采用简洁大方的形式，减少不必要的高差变化和路线迂回，地面铺装宜采用平整、防滑耐磨、易清洁的材料（图4-123）。

（三）交通空间景观设计

这里的交通空间景观主要是指城市道路及其两侧的空间景观。城市道路包括机动车交通道路、人车混行道路和步行街。

交通空间通常是线性空间。它将城市划分成大大小小的若干地块，并且将广场、街头绿地等空间节点串联起来。除了以交通为第一功能外，交通空间还是城市空间的轴线和视廊。道路的尺度、界面和空间构成往往成为城市特色的重要组成部分。

根据交通性质的不同，道路空间的景观设计重点也有所不同。对于机动车交通道路来说，首要功能是交通，其次才是视觉景观问题。高速公路、国道等快速交通道路景观一般比较简洁，主要以分隔带和道路两侧的绿化为主，

图4-122　蓬皮杜文化中心广场，场地呈坡形，可容纳自发性的娱乐活动及露天表演，是街头艺术家的"天堂"

图4-123　斯特拉斯堡铁人广场，既将公交、步行、停车等不同交通形式巧妙地分流，又为人们提供了便利的交通环境

图4-124　天津保税区区门标志，运用索膜结构创造出独特的造型，具有强烈的视觉张力

图4-125　墨西哥卫星城高速公路边上红、黄、蓝、白不同色彩的标志塔，高低错落，直插蓝天

在城区边界的主要出入口处可以设置标志物（图4-124和图4-125）。这类景观的设计要特别注意尺度问题，因为通常情况下，人们是坐在飞驰的汽车里欣赏景观的，这种现代快速观赏要求大尺度的景观，不必过于追求细节。

对于步行街来说，其功能活动主要是商业、文化娱乐及节假日休闲，一般以广场作为空间的节点和高潮。步行街的空间尺度往往不大，可以通过骑楼、匾额、招牌、电话亭、广告灯箱、座椅等环境设施以及绿化水景等，创造出尺度宜人、空间节奏变化丰富、具有地域文化特征的景观形态（图4-126）。

对于人车混行道路而言，由于其功能活动比较复杂，有商业、交通、办公等，尺度比较大，景观的设计要充分考虑道路等级、周边环境特点、交通流量和活动方式等因素，根据具体情况创造地段特色，强化道路环境的识别性。这类交通空间景观设计的典型之一就是大都市市区景观大道的设计，如巴黎的香榭丽舍大街、上海浦东新区的世纪大道等，都是集城市交通、市民休闲、环境绿化、城市景观形象等多种功能于一体的综合性景观工程（图4-127和图4-128）。

（四）城市滨水景观带设计

自古以来，滨水带就对人类有着一种内在的持久的吸引力，世界上有名的城市大多与滨水带

图 4-126　斯图加特市中心商业步行街

相关，都有一条河流代表着它，如巴黎的塞纳河、伦敦的泰晤士河、上海的黄浦江等。城市滨水地区的资源荷载比城市其他区域都大，大部分河流在提供工业、生活用水的同时，还肩负港口作业、运输交通等功能，水质污染、生态环境恶化等问题也日趋严重。正因如此，对于城市滨水景观的整治改造和重新开发成为很多城市迫在眉睫的任务。巴塞罗那的 La Barcelonate 区是城市最靠近海的部分之一，对城市空间的塑造起着很重要的作用。1994—1995 年完成改造后，这个日见破败的港口居住区重新焕发了魅力。它拥有流畅的、用自然石材铺设的路面，架空条形木材做成的临海平台，从别处运来大量的黄沙营造出天然的海滨沙滩美景，棕榈树或单棵或三五成群地散落其间，使整个海滨地区洋溢着轻松又浪漫的氛围（图 4-129 和图 4-130）。

图 4-127　巴黎香榭丽舍大街，中间是十车道的机动车道，两侧是宽阔的林荫道，优雅的铺地与富有特色的街具有机结合，大街的尽端是凯旋门

图 4-128　里约热内卢柯帕卡帕海滨大道，海边步行道波纹状的铺地带有葡萄牙传统风格，人行道上棕、黑、白三色马赛克铺成精美图案，成组种植的树下布置座椅，形成荫凉空间

图 4-129　巴塞罗那的 La Barcelonate 区的海滨风光

图 4-130　巴塞罗那海滨略有起伏的平台和错落有致的波浪形构架在空中划出优美的曲线，呼应着波光粼粼的海面，成为海滨的地标性造型

对于滨水景观带的规划和开发应当注意以下几点。

1）滨水地区的共享性和开放性：滨水地区是城市最为美丽的地区，应当为全体市民无偿拥有。应当避免将临水地块划归为某个单位和集体所有的现象，并且在景观视线上注意滨水地区的开放性。

2）将滨水景观规划设计纳入到整个城市景观规划的整体框架之中，增强滨水带和其他地带的相互联系，包括视觉上的也包括交通上的，以滨水景观带的开发带动整个城市的发展和整体人居环境品质的提高。

3）在滨水景观带规划设计中，应注意保持原有物种的丰富性，避免对原有的湿地生态系统造成无法挽回的损失（图4-131）。

4）在创造亲水情趣的同时，应当注意防洪设施的安全。（图4-132）

5）强调滨水景观的整体化，防止建筑设计过多地强调个性，相互之间缺乏协调，缺乏统一规划，破坏滨水景观的轮廓线。

二、居住区景观设计

随着人类社会文明的进步，人类对生存环境及生活质量的要求越来越高，良好的生态环境已成为人们选择居住地的首要条件。因此，居住区的环境质量已成为不可缺少的重要内容之一。居住区景观设计的目的就是营造绿色居住空间，创造良好的交往空间，塑造高品质的景观形象。

居住区的景观设计不仅仅是绿化的问题。从创造生态环境考虑，需要对以下因素进行规划。

1）分析住区朝向和风向，开辟组织住区风道与生态走廊。

2）考虑建筑单体、群体、园林绿化对于阳光与阴影的影响，规划阳光区和阴影区。

3）最大限度地利用住区地面作为景观环境用地，甚至可将住宅底层架空，使之用作景观场地。

4）发挥住区周围环境背景的有利因素，或是借景远山，或是引水入区，创造山水化的自然住区（图4-133）。

住区景观设计要提供充足丰富的户外活动场地。为此，需要考虑以下几个方面。

1）动态性娱乐活动与静态性休憩活动的结合搭配。

2）公共开放性场所与个体私密性场地并重。

3）开敞空间与半开敞空间并重。

4）立体化的空间处理。例如，底层架空，用作公共活动场所，以提供充足的户外公共活动场地。住区活动场所要满足不同年龄、不同兴趣爱好的居民的多种需要。公共活动空间的景观设计，既要保证有适量的硬质场地和美观适用的室外家具，也需要保留一定私密感的安静场所（图4-134）。

图4-131 Southeast False Creek 温哥华冬奥会奥林匹克村景观鸟瞰，规划将工业区再利用、水体恢复、滨水区空间环境设计有机结合起来，同时满足了人性化和可持续性的要求

图4-132 中关村软件院中心花园设置了多种形式的滨水设施，满足了人们休闲亲水的需要

图4-133 深圳万科第五园，在总体布局规划时充分考虑了视线走廊与周边环境关系，将远山巧妙地纳入居住区景观之中

图 4-134 岐阜 Kitagata 公寓外部空间景观设计，形式各异的小花园满足了不同年龄段人群的需求

图 4-135 居住区中心花园设计中运用各类元素创造宜人景观

在住区景观设计中，空间的布局上应避免横平竖直的建筑城市化形态，代之以自由曲线形的布局，还住区自然园林空间本来面目；利用绿化地形、建筑、景观小品，尽量组织通透深远、层次丰富的景观视觉空间，创造出其他住区所没有的景观形象（图 4-135）。

三、建筑庭院景观设计

庭院设计和造园的概念很接近，主要是建筑群或者建筑内部的室外空间设计，相对而言，庭院的使用者较少，功能也较为简单。我国现在最主要的庭院设计是居住区内部的景观设计，使用者主要是居住区内的居民，以及公司团体或机构的建筑庭院设计，使用者是公司职员和公司来访者。

在庭院设计中应当注意以下几点：

（1）协调性：在设计庭院时应当考虑到建筑空间的特点和流线安排，利用绿化来进一步分割动静区域。

（2）亲和性：一般来说庭院的尺度不会很大，应当仔细推敲庭院中各个元素的比例和尺度，不宜过度封闭，应以开敞和闭合相结合，形成宜人的小环境（图 4-136）。

（3）可达性：为了充分利用庭院空间，尽量不要再用围墙来将流线和视线强硬分割，并且注意尽量不要采用有刺和有毒的植被，例如夹竹桃。

在居住建筑的庭院，如别墅庭院的设计中，应充分考虑主人的兴趣爱好、家庭活动特点、审美倾向等个性特征，创造独具特色的庭院景观（图 4-137～图 4-139）。

图 4-136 从阳光室经汀步跨过水池到庭院，空间设计手法细腻，植物、阳伞、桌椅色彩绚丽，赋予庭院温暖感

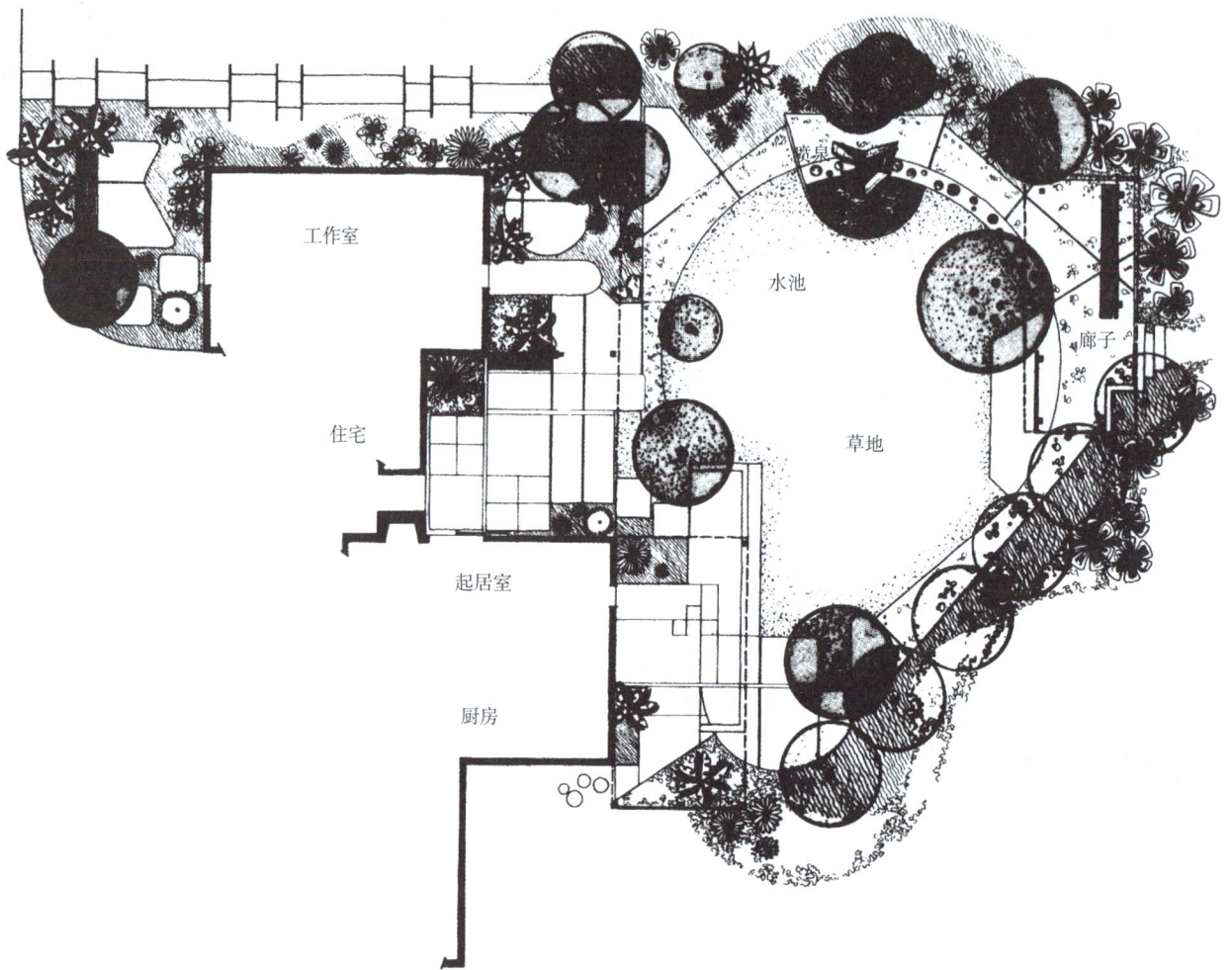

图 4-137 洛杉矶 Alcoa 住宅花园平面图

图 4-138 洛杉矶 Alcoa 住宅花园，铝质的喷泉造型轻盈，与环境十分协调，远处的山脉成为花园的背景

图 4-139 洛杉矶 Alcoa 住宅花园，用金色、咖啡色铝合金型材和网格建造的有屏风和顶棚的花架

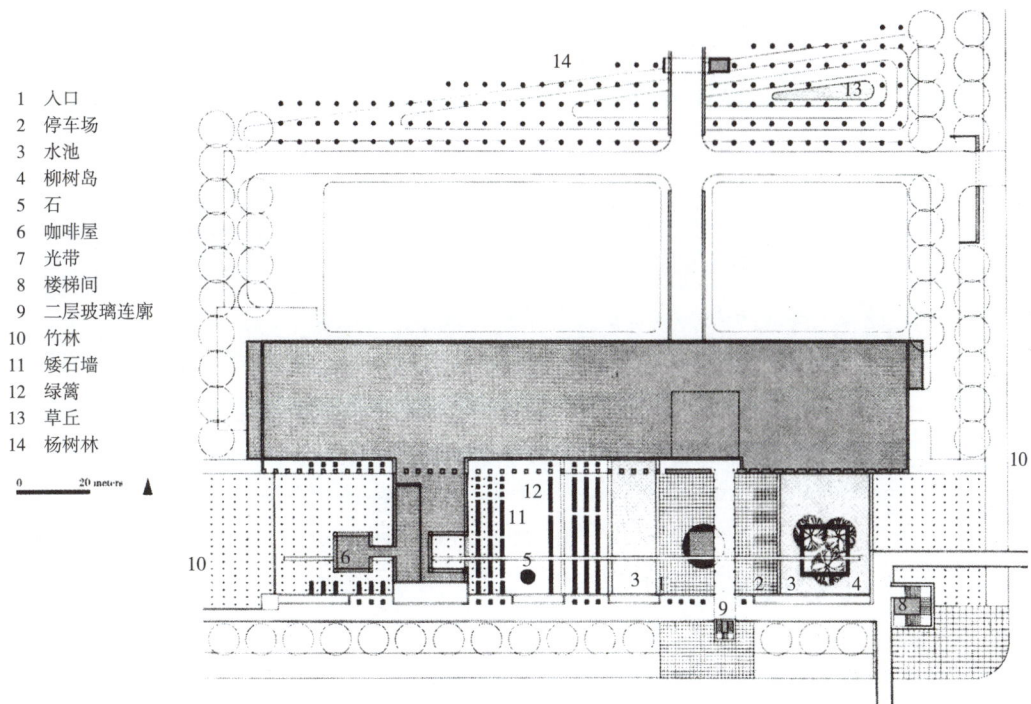

1 入口
2 停车场
3 水池
4 柳树岛
5 石
6 咖啡屋
7 光带
8 楼梯间
9 二层玻璃连廊
10 竹林
11 矮石墙
12 绿篱
13 草丘
14 杨树林

图 4-140　日本 Makuhari 的 IBM 大楼庭院平面图

图 4-141　日本 Makuhari 的 IBM 大楼庭院严谨的构图，简单的线条，巨大的立石赋予庭院深沉宁静的禅意

图 4-142　日本 Makuhari 的 IBM 大楼庭院，平静水池中的柳树岛和漂浮的睡莲

图 4-143　日本 Makuhari 的 IBM 大楼庭院中的竹林

办公建筑群的庭院设计首先要给工作人员创造舒适的休息空间，在庭院中应当适量设置休息座椅，以便在工作之余或者午休时间使用。其次，还应当在庭院设计中表现出企业或者机构的形象，既起到宣传作用也可以增强工作人员的荣誉感和团队精神（图 4-140 ~ 图 4-143）。

第五章
环境设施设计

环境设施作为公共环境的组成要素，不仅是人们室外活动的必要装置，而且以其特有的功能和美学特征增加了环境的文化内涵和艺术性。环境设施设计既是环境艺术设计的一个重要内容，同时也具有产品设计的特点。

第一节 环境设施的概念

"环境设施"属于外来词汇，英文为"Street Furniture"、"Urban Furniture"或"Sight Furniture"等，可以翻译成"街道家具"、"城市家具"或"园林家具"等；在欧洲某些国家也被称作"Urban Element"，翻译成"城市元素"；在日本，则被理解成"街道的装置"或"步行道路的家具"，也叫做"街具"。我国一般称之为"环境设施"、"公共设施"或者"公共辅助设施"等。

环境设施（这里主要指外部空间的环境设施）是伴随城市的发展而产生的、融环境艺术与工业产品于一体的环境产品，包括诸如公交候车亭、报刊亭、公用电话亭、垃圾容器、自动公共厕所、休闲座椅、路灯、道路护栏、交通标志牌、指路标牌、广告牌、花钵、城市雕塑、健身器材及儿童游乐设施等市民生活中触手可及的城市公共环境服务设施。通常也被人们形象地称为"城市家具"。城市家具准确地诠释了人们渴望把城市变得像家一样和谐美丽、整洁舒适的美好企盼。

从公用设施的历史来看，环境设施可以追溯到上古时代祭祖祭天的公共场所，古希腊古罗马时期的城市排水系统、古奥林匹克竞技场等也都属于当时的城市环境设施。我国古代的牌坊、牌楼、拴马桩、石狮、灯笼、水井、华表、碑亭等生活小品和构筑物，都反映了古人对城市生活设施的需要。历史的车轮滚滚向前，城市环境设施内容和形式虽处于不断的消亡与产生、更新与变异、潜流与主流的交替变化之中，但其重要性却随着城市的不断发展而大范围普及开来。小到下水道井盖，大到雕塑水景，环境设施融入市民的智慧和创意，体现了人们对和谐、便捷、安全的积极生活空间的追求。

第二节 环境设施的类型及其特征

环境设施的内涵丰富，概念繁杂。从室内空间到室外空间，从私密空间到社会公共空间，环境设施与人们的生活关系密切，只要有适宜人生存的空间环境，就会出现相应的环境设施。环境设施的分类也随着分类依据的不同而发生变化，空间环境是环境设施分类的重要依据。在本书中，将环境设施主要分为公用系统、景观系统、安全系统、照明系统四大类型。

一、公用系统设施

公用系统设施是城市空间不可缺少的构成要素，它不仅满足了人们在户外活动场所休息、活动、交流等生活需求，还可以改善城市环境，点缀美化环境，增加城市空间的设计内涵与时尚品位。从某种程度上讲，公用设施已经成为城市文明的载体。在知识经济到来的今天，随着城市生活质量的提高，人们开始重视周围的公用设施，也逐渐对公用设施的应用形式和视觉感受提出了更高的要求。按照用途可以将城市公用系统设施分为交通设施、信息设施、休息设施、卫生设施、游乐设施等。

（一）交通设施

交通设施可根据其功能分为安全设施和停候设施两大类。安全设施是在城市道路中给人们出行提供安全提示、保护和控制的设施和装置，主要有交通标志、信号灯、反光镜、减速器、过街桥以及道路护栏、围栏、止路障碍、台阶、坡道、铺地、路灯等附属设施（图5-1和图5-2）。安全设施的设置地点要醒目，避免遮挡，应考虑夜间使用对照明的要求。停候设施主要指城市中与人行出行和交通工具有关的自行车、机动车停放点和候车点、加油站、收费站等为人们停候提供便利服务的设施（图5-3）。停放交通工具的设施应满足车辆尺寸和停放间距的要求，可与

图 5-1　Newcastle 码头步行坡道上雕塑有海洋主题的栏杆

图 5-2　曲线型护栏既限定出了草坪与道路的边界，也是行人临时休息的坐具

图 5-3　具有公共艺术特征的自行车停放装置

绿化设施结合设置，兼顾美观和实用。候车设施一般由标牌和遮篷构成，可附设休息椅、引导图、广告、垃圾箱甚至电话亭、自动售货机、自动售验票机等设施，组成一个完整的候车亭设施组合体系，从而满足人们在候车时的多种行为要求。候车设施在设计上应具有视觉通透性和色彩识别性，造型宜轻松、活泼，比例尺度适当（图 5-4）。

（二）信息设施

信息设施是城市文化的符号，它可以简捷、迅速、准确地向人们传递各种各样的城市环境信息。用来传递信息的设施种类相对较多，它包括以传达视觉信息为主题的标志设施、广告系统和以传递听觉信息为主的声音传播设施等。

1. 公共环境标识

公共环境标识是公共领域中引导方向、指示行为、揭示场所性质的一套独立的标志系统。它被广泛应用于城市公共环境和公共活动场所中。根据公共环境标识的性质和功能大致可分为交通标识、建筑类别与展会标识、景观标识、商业标识等。

标识性设施具有导向性、指意性与示意性、形象性与象征性、表征性与诉求性四个方面的重要作用。其中，导向性是环境标识的主要功能，这在交通标识中的体现是最明显和直接的，它的主要任务就是迅速而明确无误地传递信息，便于人们准确快捷地做出判断，解决交通运行中的突发问题（图 5-5 和图 5-6）；指意性与示意性涵盖了各种建筑及建筑周边环境的标识，如以商业环境为主体的百货商店、专卖店、超市、商业街中的各种标识（图 5-7），或以文化环境为主体的文化馆、展览馆、美术馆、博物馆及各类观演建筑环境中的标识等（图 5-8）；形象性

图 5-4　斯图加特郊区兼具多种功能的候车亭

图 5-5　巴塞罗那地铁站信息带，配色鲜明，字迹清晰，略有倾斜的角度十分适宜人们观看

图 5-6　奥斯纳布吕克专科大学教学楼走廊的天花板成为导向标识的载体，10米之内人们可以利用眼睛上方的余光感知这些信息

图 5-7　墨尔本展览中心的环境标识与建筑构件有机结合，十分醒目

图 5-8　亚历山大皇家儿童医院的导向标识造型来源于儿童画中的形象，采用鲜艳的塑料板材，目的在于消除儿童患者的恐惧心理，营造欢快轻松的气氛

与象征性主要是指标识在具有导向、识别、指意等作用的同时，在美化城市空间环境、强化场所的精神以及凸显特定环境的文化内蕴等方面也具有明显功能，标识性的建筑、环境设施以及公共艺术等具有景观效应的标识明显表现出了这种形象性特征（图 5-9 和图 5-10）；表征性与诉求性也是标识设施的重要功能之一，通常来说，行业标识和品牌或商标等标识、标牌都具有表示某种场所意义或表达某种事物的内容、性质、特点的作用，同导向性特征相比，这类标识更具有内在代言的功能（图 5-11）。总之，环境设施设计中的标识性设施是具有多向性的。

2. 广告

广告作为信息传播的媒介，很大一部分设置在城市公共空间中，因此其设计、内容、设置也从一个侧面反映了整个城市的社会经济和文化水平。

广告的类型繁多，就环境设施领域而言，能对环境视觉产生重要影响的广告形式有商业招牌、宣传橱窗、立体 POP、宣传海报、活动广告等（图 5-12 ～ 图 5-14）。

图 5-9　巴黎卢浮宫广场上的玻璃金字塔成为该区域的象征性标识

图 5-11　具有品牌代言内涵的"可口可乐"标识

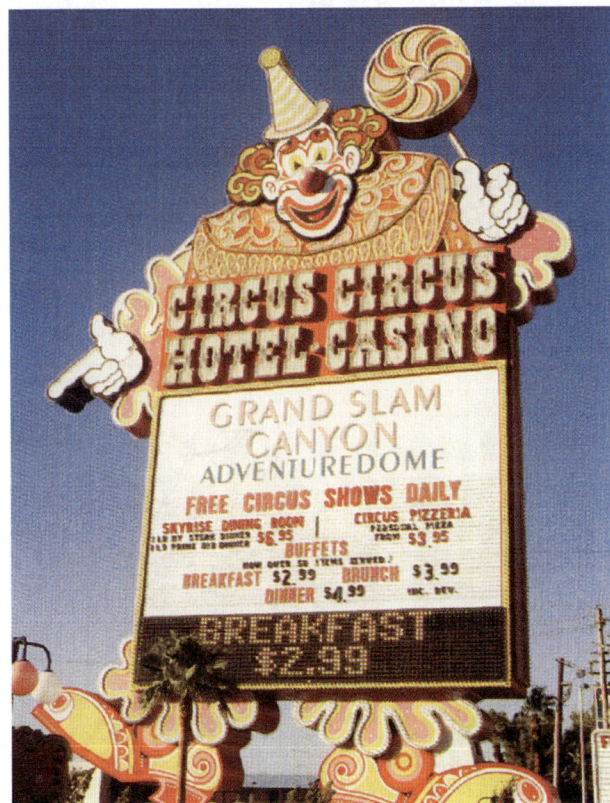

图 5-10　德国柏林 2005 爱因斯坦年信息系统设施设计，看似简单的字母造型却很好地诠释了纪念主题

图 5-12　拉斯维加斯的巨型广告牌渲染了赌城欢烈热闹的气氛

图 5-13　儿童专卖店门面上的立体 POP 标识

图 5-14　公交车成为活动广告

除上述两类外，信息设施还包括看板、计时装置、电子信息查询器、音响设施等（图5-15～图5-17）。

（三）休息设施

休息行为是人们公共活动的主要组成部分，它不仅是体力上的恢复，还包含了精神、情绪的放松。好的休息设施能使城市各类公共开放空间和公共建筑室内空间更加人性化。休息设施以休息椅、休闲凳为主，主要设置在城市公共空间中，以供人们休息放松、闲暇聊天时使用（图5-18和图5-19）。休息设施的设计应把握简单、舒适、美观等原则，因其是公共空间的附属物，所以要注意使其与周围环境相协调，尽可能营造一种安静、舒缓的情境，一般不应与行人、车辆靠得太近，以免使人产生不安全感。在现代景观设计中，休息设施往往在为人们提供功能性服务的同时也起到美化环境的作用，与公共艺术品的界线已变得越来越模糊不清。

（四）卫生设施

城市的卫生设施主要是为保持城市整体环境卫生和清洁而设置的具有各种功能的装置器具。这类设施主要包括公共厕所、洗手池、雨水井、垃圾箱、烟灰缸、饮水器等，它们直接关系人们生活空间的环境质量。在设计这类设施时既要考虑到人们使用的方便性与易清理性，也要考虑到现代景观环境中卫生设施的造型、色彩、材料与景观环境中其他设施协调（图5-20和图5-21）。

图5-15　北京建外SOHO外部空间中的人型系列看板

图5-16　英国爱丁堡的街钟

图5-17　电子信息设施

图5-18　海边的座椅，采用石块和原木构成，与环境融为一体

图5-19　苏黎世街头广场的回廊与座椅，其实是马克斯·比尔的一件雕塑作品

图 5-20 街头公共厕所采用了撒尿男孩的剪影图案作为标识，既易于识别又富有童趣

图 5-21 三亚某度假酒店海滩冲淋设施的主体采用浪、海草等元素进行装饰，与环境相得益彰

图 5-22 寓教于乐的儿童游乐设施

图 5-23 游戏装置有利于促进儿童间的交往，增进父母与孩子间的感情交流

（五）游乐设施

游乐设施通常包括静态、动态和复合形式三大类，这类设施最受儿童、青少年和老年人欢迎。游乐设施实际上也是提供给人们的最好的休闲放松方式。游乐设施除了可供人们游戏外，还应针对使用群体的特点寓教于乐，增进交往。例如儿童游乐设施的设计应有利于儿童在玩乐的时候学会与人相处，培养儿童的公共意识与创新能力，促进父母与子女沟通亲情、培养感情（图 5-22 和图 5-23）。

二、景观系统设施

景观系统设施是城市环境设施的重要组成部分，可分为硬质景观设施和软质景观设施。其中，硬质景观设施是英国人米歇尔·盖奇和玛瑞特·凡登堡在其著作《城市硬质景观设计》中首次提出的，意指相对于植物、水体等软质景观而言的、各种以人工材料处理的道路铺装、小品等景观设施。

景观系统设施主要包括水景设施、绿化设施、雕塑和壁饰、建筑小品等。

1. 水景设施

这里的水景设施是指人工水景，其形态有静水、流水、落水、喷泉等，可以单独设置，也可以结合建筑物、景观小品等设置（图5-24和图5-25）。水景设施的类型十分丰富，如水池、水渠、水墙、瀑布、水帘、喷泉等，随着科技的发展，还出现了激光音乐喷泉、雾状喷泉等，设施的造型和材料运用方面也不断翻新。水景设施的设计应注意与环境统一协调，要考虑气候特点，在条件允许的情况下尽量满足人们亲水的天性。

2. 绿化设施

绿化，代表一个城市的生命和健康，能使人类与自然更加亲近，同时它也是体现城市环境生命力的重要因素，它还具有实用功能、生物功能、景观功能。绿化设施主要包括树池、盆景、种植器、花钵、花坛等（图5-26和图5-27）。

图5-24　街头小广场的水景设计将静态水池、动态雕塑、休息座椅和绿化有机结合起来

图5-25　广场旱地喷泉在夏季成为孩子们嬉水的好去处

图5-26　攀藤植物与停车棚相结合，为车辆提供了有效遮阳

图5-27　兼具休息功能的绿化景观设施

3. 景观雕塑和壁饰

作为造型艺术的一种，雕塑早期具有纪念和祭祀的功能，后来逐渐向美化与装饰景观方向发展。在现代，雕塑作为一种城市景观，还具有调节城市色彩、调节人的心理和视觉感官的作用，逐渐被人们所接受，甚至享有"凝固的音乐"、"立体的画面"、"用青铜和石头写成的编年史"、"城市的眼睛"等美誉。

景观雕塑分类的方法很多，按其艺术处理形式可分为具象雕塑（写实雕塑）、抽象雕塑和装置构件；按其在城市环境中的功能属性不同，可分为纪念性景观雕塑、主题性景观雕塑、装饰性景观雕塑、功能性雕塑等（图5-28）。公共雕塑应与环境成为一个整体，其题材、体量、造型、色彩、材料和内涵都要和环境协调（图5-29）。在现代景观雕塑设计中艺术家们越来越关注功能的综合性和材料的多样化，将雕塑与环境设施结合于一体或环境设施的雕塑化已得到广泛的认同（图5-30）。

壁饰是人类古老的环境装饰形式，也是现代公共环境艺术的组成要素。其形式包括壁画、浮雕以及其他通过艺术手段塑造的壁面等（图5-31）。壁饰的运用十分广泛，比如建筑物的外墙、公路隔音壁、广场和庭院的某些景墙处理、工地围墙等（图5-32）。

景观雕塑和壁饰艺术以其实体或半实体的形体语言与所处的空间环境共同构成一种表达生命与运动的艺术作品。它们不仅反映着城市精神、时代风貌和地区文化水平，还对表现和提高城市空间环境的艺术境界和人文境界有着重大意义。

图5-28 德国波恩的贝多芬雕像，融合了雕塑与绘画两种艺术特点，极具视觉冲击力和感染力

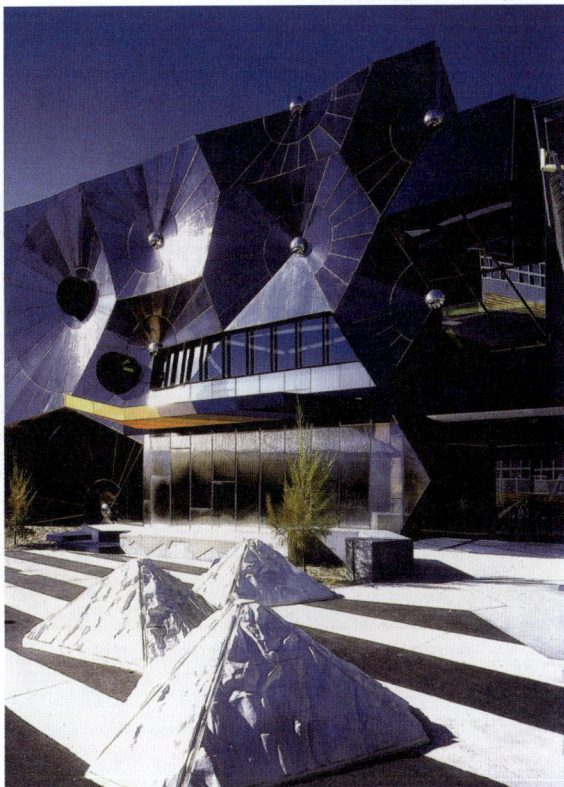

图5-29 维多利亚艺术学院创意中心外的金字塔形雕塑"冰山"，同建筑外立面遥相呼应，诠释出虚幻与现实的完美平衡

图 5-31 兼具路标功能的装饰壁画

图 5-30 以国际象棋棋子为原型的趣味灯塔雕塑，为公园提供了美妙的灯光和空间

图 5-32 北京 798 艺术区中的涂鸦墙为园区增添了现代艺术氛围

4. 建筑小品

建筑小品也叫袖珍建筑，它既可以为人们提供休息和公共活动的方便，又能起到美化环境，丰富园趣的作用，是从属于某一建筑空间环境的小体量建筑、游憩观赏设施和指示性标志物等的统称。它们通常被布置在城市街头、广场、绿地等处。我国古代城市的华表、牌坊等构筑物就属于建筑小品的范畴。建筑小品包括现代城市中随处可见的亭、廊、花架、围墙、大门、棚、柱、步行桥等，其造型通常精美、灵巧、自由活泼，构建建筑小品常见的材料有木材、金属、钢筋混凝土、石材等（图 5-33 ~ 图 5-39）。

图 5-33 洛杉矶医院的景观亭，运用参数化设计与建造方法塑造灵动造型

图 5-34　北京当代 MOMA 住区中心花园内的休息亭，造型别致，富于视觉表现力

图 5-35　深圳万科第五园中的景墙充满传统园林的韵味

图 5-36　掩映在山间丛林中的三角形观景平台

图 5-37　华盛顿住房与城市发展部前广场上的遮阳篷，采用可透射灯光的复合塑料材质，轻盈如飘浮在空中一般

图 5-38　现代感十足的金属玻璃廊架与建筑相得益彰

图 5-39　巴塞罗那海滨快速路上的吊桥，鲜艳夺目的大红色金属构件与蓝天、棕榈、石墙形成强烈的对比，成为环城路上的一道风景

三、安全系统设施

安全系统设施作为整个城市空间环境中最重要的环境设施之一，不仅保证了其他系统设施得以顺利进行，而且又给人们正确、安全地使用环境设施提供了强有力的保障。安全系统设施是"以人为中心"设计理念的最直接体现。安全系统设施主要包括管理设施、市政设施、共用性设施等。

1. 管理设施

管理设施主要包括电气管理、控制设施、消防管理、路面管理等。其中，消防管理有埋设型和地上设置型设施两类，地上设置型设施包括防火水管箱、防火水箱和柱型消火栓三种。路面管理设施包括各类井盖设施和警巡岗亭、收费处等组成的管理亭类（图5-40）。

2. 市政设施

市政设施主要指为城市公共系统配套的设施，包括配电设施、采光通风设施、防音壁、地面构建等。这些设施都具有重要的实用功能，是城市系统正常运转的保障。同时它们在城市空间中也很显眼，如不加处理则很难成为景观。通常可以采用与其他设施结合、在不影响功能的前提下进行美好性遮挡等方式使之成为城市空间的景观（图5-41和图5-42）。

3. 共用性设施

共用性设施是无障碍设施的完善和发展，它包含了无障碍设施对弱势群体的关爱，同时弥补了无障碍设施将弱势群体与大众分离的不足。针对空间设施的使用性质，可将其分为交通、信息、卫生等共用性设施。

设计师在进行环境设施设计过程中，要尽可能地避免为残疾人、老年人、儿童设计专用设施，这些设施利用率相对较低却造价昂贵，相反，残疾人、老年人和儿童能与健全人共同使用的环境设施的利用率却很高（图5-43～图5-45）。

共用性设施设计需遵循以下几个原则。

（1）公平使用原则。

（2）灵活柔性使用原则。

（3）信息容易获得且易懂原则。

（4）宽容性良好原则。

（5）空间尺寸合理性原则等。

共用性设施强调在环境设施安全、舒适的基础上，考虑弱势群体在使用时的心理感受，并为所有人的生活提供了便利。

图5-40 充满装饰感和趣味性的消火栓

图5-41 迈阿密国际机场隔音墙，波浪型混凝土墙面上镶嵌了彩色发光舷窗，成为一道独特的景观

图5-42 装饰感十足的巴黎地铁入口

图5-43 普通公共座椅上增加可供支撑的扶手，方便老人坐下和起身。虽然形式简单、造价低廉，但能对行动不便者提供一些便利

图5-44 符合共用原则的台阶和坡道组合设计

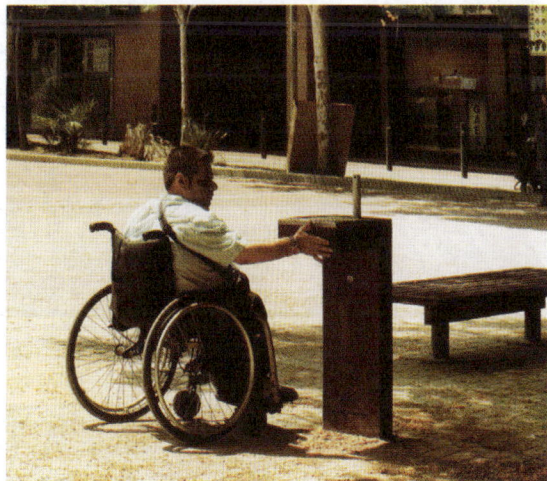

图5-45 满足残疾人使用要求的公共饮水装置

四、照明系统设施

随着人们生活质量的提高、夜生活的丰富以及城市夜间照明技术的发展，城市景观照明也成为城市环境艺术设计关注的一个重要领域。城市景观照明不仅有利于提高交通运输效率，保障车辆、驾驶员和行人的安全，而且在美化城市环境中起着重要作用。景观照明的对象有重要建筑或构筑物、广场、道路和桥梁、名胜古迹、园林绿地、江河水面、商业街和广告标志以及城市市政设施等，其目的就是利用灯光将上述照明对象加以重塑，并有机地组合成一个协调、优美、壮观和富有特色的夜景图画，以此来展现一个城市或地区充满活力、繁华昌盛的形象（图5-46）。

照明系统设施是环境设计中非常重要的一环，照明的种类一般有节日庆典照明、建筑物夜景照明、构筑物夜景照明、广场夜景照明、道路景观照明、商业街景观、园林夜景照明、水景照明、公共信息照明、广告照明、标志照明等。照明方式可以采用泛光照明、轮廓照明、建筑化夜景照明、多元空间立体照明、剪影照明、层叠照明、"月光"照明、功能照明、特种照明等多种方法，可以根据具体情况加以选择和组合，最终目的是使环境设施达到最佳的视觉效果（图 5-47 ～图 5-52 ）。

此外，灯具在承担照明功能的同时，也成为环境艺术的一个组成部分，精心设计、造型各异的灯具不仅装点美好了环境，还能反映出地域文化的特征（图 5-53 和图 5-54 ）。

图 5-46　纽约时代广场夜景，五光十色的灯光渲染出绚丽繁华的商业氛围

图 5-47　多层次立体化的照明效果赋予 2010 上海世博会演艺中心神秘梦幻的色彩

图 5-48　璀璨绚烂的灯光凸显出游乐场节日般的欢快气氛

图 5-49　景观照明烘托出马来西亚度假村静谧幽雅的夜色

图 5-50　隐蔽的灯具将植物和图案投影在庭院景墙上，宛如一幅幅抽象绘画

图 5-51　洗墙照明恰到好处地表现了建筑立面精美的细部特征和雄伟庄严的整体效果

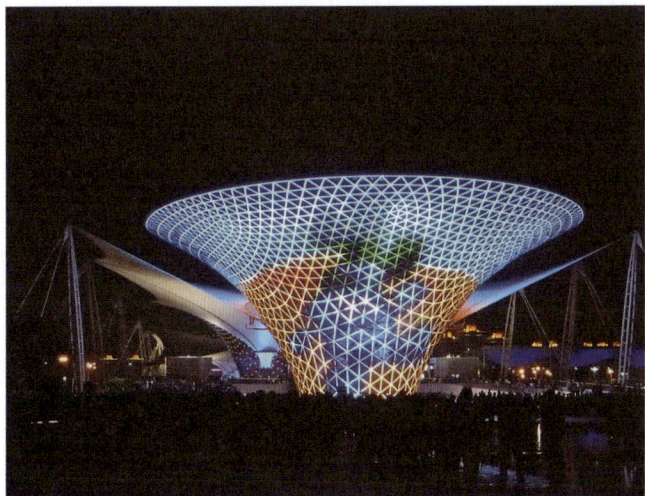

图 5-52　LED 智能照明技术使世博轴在 2010 世博会上大放异彩

图 5-53　北京前门商业步行街上鸟笼型的路灯颇具地域特色

图 5-54　广场上的景观照明，镂空的形态让人联想起灯笼

第三节　环境设施的设计

环境设施作为环境艺术设计的重要组成部分之一，它的内容和形式是由多种因素决定的。其中包括人的主观因素影响，例如设计师的艺术品位、文化修养、爱好与倾向、研究方向等；委托方对环境设施的内容、性质、表现风格与方式的特定要求等；同时，环境设施设计还涉及很多客观因素，例如设施所在环境的地域条件，设施所在地区的历史背景、文化传统以及民俗习惯等；此外，环境设施所需要的材料、技术条件的可操作性、投资的限制等也在不同程度上影响到环境设施的设计。

对环境设施设计的研究可以从两方面入手：一方面，环境设施是置于公共环境之中为公众所使用的，它必然与环境、与人的行为产生密切联系，因此设计环境设施必须从整体环境出发，结合空间环境的实际情景，协调各因素之间的关系，使环境设施与空间环境成为一个有机的整体。同时，在满足物质功能的基础上，尊重人的心理感受和审美需求，体现出以人为本的设计理念。另一方面要从产品设计的角度出发，把环境设施看作是公共服务的实体，它在设计过程和生产中具有现代工业产品设计流程的特征，因而有必要深入研究其形态、功能、结构、材料、色彩、尺度、工艺等产品要素。

公共环境设施作为环境艺术的组成部分，其设计应当遵循环境艺术设计的基本原则，即以人为本的原则、形式美的原则、整体设计原则、可持续发展原则和创新性原则，这些原则已在本书第二章中作过阐述，此处不再赘述。本节将重点从产品设计的角度简要分析公共环境设施设计的要素和设计要点。

一、功能

功能是指环境设施所具有的效能、功效，并被接受的能力。它存在于设施自身，每一种设施都必须以独特的功能直接向人们提供使用便捷、防护安全的服务及情报信息等。作为产品，环境设施只有具备各种特定的功能，才能进行生产和使用。因此设施产品实质上就是功能的载体，实现功能是设计的最终目的，而功能的承载者是设施产品的实体结构，它决定着设施产品以及整个系统的意义。设施设计应通过功能分析明确使用者对环境设施功能的需求，对其应具备的功能内容和功能水平进行定位，再以具体的形式进行载体设计。设计师应着力使环境设施在空间环境中功能个性化，从而使环境更易于识别，也让不同的人在使用环境设施的过程中互不干扰、各得其所。

例如设计户外休息设施时，就要先根据使用者的活动方式、设施所处环境的性质对休息设施的功能进行定位。公交车站的休息设施的主要服务对象是等候公交车的人们，这类设施的功能定位是满足时间短但频率较高的休息行为的需求（图 5-55）；设置在街道、商业区环境中的休息设施为人们提供了驻足、小憩、饮食的可能，这类活动往往是自发性活动，使用时间较长，设施的设计要考虑舒适性和观景的需要（图 5-56）；而公园、街头绿地以及居住区绿地等公共空间中的休息设施除了要满足使用者长时间休息的需要外，还应有利于人们进行社会交往（图 5-57 和图 5-58）。

图 5-55 为等候地铁的乘客提供临时休息的靠杆

图 5-56 创意新颖的公园座椅，可以满足不同的使用需求

图 5-57 曲线形的公共长椅为不同类型的人群提供了不同的休息场所，凹处座位便于交谈，凸出座位适于独处

图 5-58 清华大学校园休息设施，石制桌椅和红砖景墙构成了一个适合学生们在户外学习交流的场所

二、形态

形态一般指事物在一定条件下的表现形式。环境设施的形态是由设施外形与内在结构显示出来的综合特性。环境设施设计的创意首先体现在形态上，大致可分为自然形态和几何形态两种形式。

自然界中经过时间检验、岁月洗刷呈现于我们眼前的万物，是设计师们取之不尽的设计源泉。从自然界中汲取灵感的仿生设计对现代设计产生了重要的影响。建筑师们模拟贝壳结构、蜂窝形态设计出了很多优秀而新奇的作品。如建筑大师高迪和卡拉特拉瓦的设计思想就是源于对大自然和有机世界的认识和借鉴，他的作品形态新颖、生动多变，并且富有极强生命力（图5-59和图5-60）。公共环境中采用自然形态造型的设施也随处可见（图5-61和图5-62）。

几何形态如方体、球体、锥体多都有着简洁的美学特征，基本几何体经过加减、叠加、组合，可以创造出形式丰富的几何形态。现代主义、解构主义派的许多优秀作品便是几何形态的生动演绎（图5-63和图5-64）。

此外，还有很多颇有意趣的环境设施形态取材于社会生活中的事物或事件，它们通常运用夸张、联想、借喻等手法的处理，更多地表现了地域文化、习俗。其多元化风格、注重装饰以及娱乐性的特征，颇有后现代主义的风格（图5-65～图5-67）。

图 5-59　米拉公寓，高迪的代表作之一，墙体像波涛汹涌的海面，富有动感

图 5-60　卡拉特拉瓦设计的形似飞鸟的里昂国际机场

图 5-61　有机形态的雕塑小品

图 5-62　犹如飞毯般的座椅，曲面形态符合人体工学原理，可躺可坐

图5-63　欧洲小广场上可供人们躺、坐的几何形状公共休息装置

图5-64　几何造型的凉亭，简洁空灵，与自然环境融为一体

图5-65　民俗主题雕塑使北京前门步行街的"京味"更足了

图5-66　美国加州儿童乐园里的趣味饮水装置

图5-67　巴黎地铁Bastille站站台两侧的墙面采用攻占巴士底狱主题壁画进行环境装饰，增强了站点的识别性

环境设施通过其形态特征可以对人们心理体验产生影响，使人们产生诸如愉悦、惬意、含蓄、夸张、轻松等不同的心理情绪。正因为如此，从某种意义上而言，环境设施形态设计的成败即在于能否引起人们的注意力，使人参与到空间环境中来（图5-68和图5-69）。

三、结构

结构是指各个组成部分的搭配和组合关系。环境设施的结构既是功能的承担者，又是形式的承担者，自然会受到材料工艺、工程、使用环境等诸多方面的制约。其中，材料与工艺对结构设计有着直接的影响。环境设施的结构有以下几类。

（1）外部结构

外部结构不仅仅指外观造型，而是包括与此相关的整体结构。外部结构是通过材料和形式来体现的（图5-70）。

（2）核心结构

所谓核心结构是指某项技术原理系统形成的具有核心功能的产品结构。如电话亭设施中，通信系统技术具有很强的核心功能部件，它作为一个模块部件是被独立生产设计的（图5-71）。

（3）系统结构

所谓系统结构是指设施产品与设施产品之间的有关系统结构，相互依存、相互作用产生"物"与"物"的关系。如广告牌与候车亭的单元系统结构组合，坐具与花坛的单元系统结构组合（图5-72）。

图 5-68　芦瑞公园栈桥设置了宽阔的台阶，满足了人们休息和亲水的需要，成为一处颇具人气的场所

图 5-70　轻盈飘逸的黄色遮阳棚为滨水空间增添了一抹亮色

图 5-69　武汉江滩的鸟笼造型凉亭，令人感到亲切

图 5-71　外观造型各异的电话亭其核心结构是相同的

图 5-72　座椅、路标、看板、街灯组合成一个系统

（4）空间结构

所谓空间结构是指设施产品在空间上的构成关系，也是设施产品与周围环境相互联系、相互作用的关系。

在进行设施的结构设计时必须处理好外部结构与核心结构的关系，不能只沉溺于外部结构的自由表现而忽视来自核心结构或者外部因素的制约。

四、材料

材料是可以直接造成成品的物质体，是一个国家科学技术水准的体现。一般按照材料的基本性质和一定的使用范围可分为：电气材料、机械工程材料、化工材料、建工材料、纺织材料、隔音吸音材料、热工材料、防护材料、结构材料、饰面材料等。不同材料由于化学组成、结构和形态的不同而有不同性质。它包括材料的物理、化学性质、机械性能、工艺性能和表面物性等。材料的性质对设计实体的功能、耐抗性和质量有决定性影响，不同性质的材料具有不同的加工处理方法。

现代设计的美学特点之一就是追求自然纯朴的材质美。材质指材料本身的表面物性，即色彩、光泽、结构、纹理、质地表现。不同质感的材料给人不同的触感、联想感和审美情趣。材料美与材料本身的结构、表面状态有关：花岗石质感坚硬、沉重，给人以厚重稳定的美感；大理石质感细腻、纹理自然、光泽柔润；铝合金华丽轻快；玻璃性脆质硬；木材淳朴无华；塑料轻巧、色彩艳丽。总之，不同种类与性质的材料呈现出不同的材质美。设计者往往将材料的材质特点与设计理念相结合，来表达一定的主题。例如，清水砖、木材等可以传达自然、古朴的设计意向（图5-73）；玻璃、钢材、铝材可以体现高科技的时代特征；裸露的混凝土以及未经修饰的石材给人粗犷、质朴的感受。同样的材料由于纹理、质感、色彩、施工工艺的不同，所产生的艺术效果都不一样（图5-74）。在环境设施设计中，可以通过挖掘材料的材质特色，创造出理想的视觉和艺术效果（图5-75）。

图 5-73 独具匠心的瓦片组合与排列赋予庭院古朴而精致的韵味

图 5-74 座椅的各部分都由不锈钢制成，但材质处理手法各异

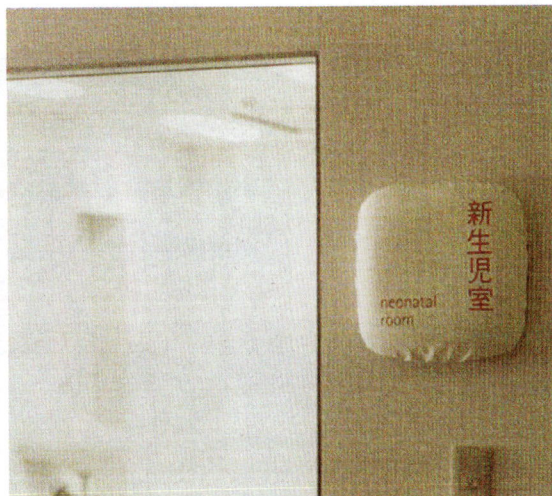

图 5-75 日本某妇幼专科医院的环境标识采用棉麻面料软包，边角圆润柔和，令人倍感亲切温馨

正确、合理、艺术地选用材料是使用材料的关键。首先，应当考虑环保因素，可以多考虑一些高科技合成材料，这样既有利于规模化的大生产，又能避免生态环境遭到进一步的破坏；第二，设计过程中还应当考虑材料的可塑性、加工工艺、质感肌理等，避免设计方案受到材料特性的限制；第三，环境设施主要运用于室外的公共场所，因此材料的选用还应当考虑风吹、雨打、日晒等自然侵蚀以及人为的损耗并作相应的防护处理，提高设施的耐久性，降低维护成本。

五、工艺

工艺是指设计的产品、设施等在生产成型、加工、表面处理以及连接等系列工艺流程中所采用的技术和手段。不同性质的材料，具有不同的工艺加工要求。如：金属具有良好的可塑性、延展性和变形能力，加工时可采用轧制、压制、拉拔、锻、模铸、冲压等方法成型（图5-76和图5-77）；玻璃一般都具有一定的透光、透视、隔声、隔热效果，相应的特殊的玻璃还具有保温吸热、防辐射、防爆等特殊功能，其表面还可以采取喷砂、雕刻、腐蚀等工艺手段达到更加丰富的艺术效果（图5-78）；对于大理石和花岗岩等天然石材可采取打磨、抛光、机抛等多种加工方法，产生很好的质感和视觉效果（图5-79）；人造石材属水泥混凝土或聚酯混凝土的范畴，其花色图案、

图5-76 曲面型座椅雕塑很好地表现了不锈钢材料的特性

图5-77 巴塞罗那希乌塔戴拉公园雕塑，巨大的布满褶皱的铝制银白色帆、铸铁齿轮上斑驳的锈迹似乎都在述说巴塞罗那曾经辉煌的航海历史和工业文明

图5-78 透明钢化玻璃与压花不锈钢板通过精巧的构造方式变成为一座晶莹剔透的电话亭

图5-79 曲线光滑流、形态柔美的公共艺术品，让人无法相信是由人工雕刻而成花岗岩雕塑

图5-80　造型独特的人造石材坐具

质地均可人为控制，这类材料具有重量轻、强度高、耐腐蚀、耐污染、施工方便等特点，并且美观、清洁、环保，为环境设施材料的选择提供了更大的空间（图5-80）。

生产工艺和表面加工技术使材料的表面形成不同特点：车削工件表面，车刀纹理有旋转感；磨削工件表面，精细光洁，光泽感强；电镀面具有金属光泽质地；鎏金镀银使材料变得高贵华丽；涂料工艺可产生肌理效果和不同色彩的表面；金属氧化、磷化处理可使材料在保持金属感的基础上具有丰富色彩；喷涂工艺可产生不同粗糙程度的表面纹样。在设计中可以充分利用这些特点，增强环境设施的艺术效果。

六、色彩

色彩在人对外界的视觉感知中占主导地位，然后才是形和材质。当然，色与形、质是不可分割的整体，甚至相互依存。在环境设施的色彩设计中要特别关注其辨认性、象征性、装饰性等特征。

1. 辨认性

色相、明度、彩度赋予了色彩不同的感知度，也使色彩具有辨认性。这一特点被广泛应用在环境设计领域。英国在规划城市环境色彩时，把建筑处理在一个整体统一的暖灰色调上，而一些公共环境设施则用高明度鲜艳的色彩处理，增加了公共设施的视觉辨认度、对比度，使整个城市在统一中寻求变化并充满活力（图5-81）。日本东京的地铁成功地运用了色彩管理系统，用不同色彩辨别不同线路、方向，形成标识、道路、车辆、票据系统化的辨认体系。

利用色彩的辨认性还可以区别设施的功能，制约或诱导行为。例如电话亭中用途功能不同的电话机可以用不同色彩加以区分。在公共环境中用红色表示警示，绿色表示畅通，黄色表示提示等。

2. 象征性

色彩的象征作用是明显的，同时也是非常微妙和复杂的。不同民族、不同地区和文化背景，对色彩的理解是不一样的。但人类的感性具有共通的一面，对色彩的直观感受也存在很多共性，这正是色彩产生象征作用的基础。对色彩象征功能的研究，根本上取决于对色彩原理的掌握，而且还需要对人的认识心理进行研究。色彩的功能是相对的，而人对色彩情绪化的反应则是不可测的。纵观社会背景的变迁，人性化的因素在不断增加。从产品设施色彩化倾向可以看出，产品色彩已逐步从功能化走向情绪化，使产品色彩具有时代的象征意味（图5-82）。

象征功能的色彩有些是根据色彩本身的特性所决定的，有的则是约定俗成，如我国的邮筒用的是邮政专用

图5-81　伯尔尼街景，灰色调的城市建筑环境衬托了色彩鲜艳的饮水设施

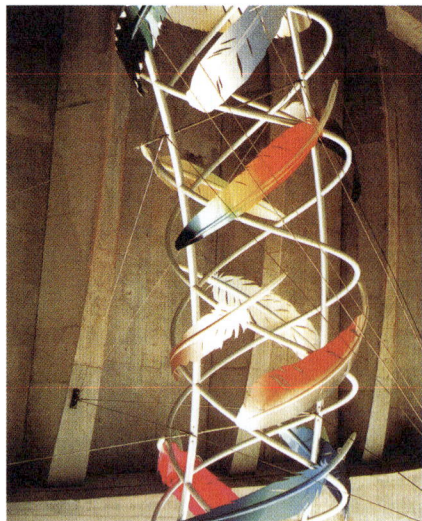

图 5-82　悉尼奥运会主场馆入口上方金属片喷漆和不锈钢管制作的巨型圆形花环，五彩的羽毛象征着奥运的五环

图 5-83　色彩鲜艳造型独特的座椅对环境起到装饰点缀的作用

绿色，而有的国家则是黄色或红色。高速公路与普通公路的标牌色彩在欧洲一些国家运用不一，现在统一照法国的公路色彩标准，即高速公路统一用蓝底白字，普通公路（国道）均用绿底白字。我国也逐渐采用这一标准。

3. 装饰性

色彩具有装饰特性，不仅因为色彩本身具有美感，更重要的是色彩的搭配可以具有对比、调和、节奏、韵律特点，使人心理上产生不同的视觉效应。尤其是作为产品设施本体的色彩组合，形成一定的装饰性，与环境的组合更能产生色彩的审美感。随着设施色彩化倾向的增加，一些以色彩和材质为重要元素的产品设施，同时也作为艺术品为装点美化城市环境起到重要的作用（图 5-83）。

七、尺度

环境设施的尺度关系，不仅体现了设施产品本身的功能和形态关系，还可以创造环境和空间的节奏和韵律，设计时需要重点考虑以下尺度关系。

1. 造型尺度

即设施产品本身的功能形态尺度，如：坐椅的座面、把手和靠背的尺度关系，电话亭、电话机与使用空间的尺度关系等。

2. 人体尺度

指设施与人体比例产生的相互关系。人体的尺寸和比例影响着使用物的比例，影响着人们接触物品的尺度和距离，也影响着人们行走、活动和休息所需的尺度和空间大小（图 5-84）。

图 5-84　街头导盲设施的尺度符合人体尺度

3. 整体尺度

指环境设施与周围空间环境要素之间的比例关系。

八、位置

设施在环境空间中的位置取决于它的功能，并影响到设施使用的便利性、视觉效果和与其他环境要素的关系。如垃圾箱投入口要放在适合人们投掷的位置，清理垃圾口要设置于方便环保人员取出的位置。从功能使用角度出发确定设施的位置必须要满足使用者的便利、舒适，其次要考虑到便于清理和维修。设施的位置对视觉效果的影响受到观赏距离、观赏角度、光照条件和设施周边的视野范围等因素的制约。因此，选择合适的位置是环境设施设计的重要内容之一。

九、体积

体积是指设施所占的空间。对于环境设施而言，体积性一方面表现在设施的外形大小所占的空间体积；另一方面也表现于设施内部所形成的体积关系。外形体积与环境发生相互作用，内部体积与构造相互关联。电话亭由于形式不同而产生体积大小差异。单元化的流动厕所体积空间较小，几个单元化流动厕所的组合，又产生一种大的体积变化。设置于街道和居住区的垃圾箱，由于垃圾类型的不同，垃圾箱的大小也不同（图 5-85）。

图 5-85　不同大小的分类垃圾箱

十、审美

一般来说，装饰不是环境设施的首要功能，然而对某些以街道景观或独立观赏为主要目的的环境设施而言则又是第一位的，它体现了现代城市的文化精神和艺术品位。它是功能与艺术的综合体，它的艺术性通过造型、线条、材质、色彩、比例等充分地展现出来。这种对环境的衬托和装饰作用，包括两个层面：一是单纯的艺术处理，二是与环境特点的呼应和对环境氛围的渲染。

单纯的艺术处理通常遵循形式美的原则，赋予环境设施个体美。而对环境氛围的渲染则应全方位研究和把握设施与环境的协调关系。在处理环境设施设计与自然环境的关系时，应尽量立足于对自然生态的保护，立足于体现自然环境的自然属性，在材质选择、色彩运用等方面应适应环境、融入环境。比如干燥寒冷的气候环境中，环境设施设计选择以质感温暖的木材为主；温热多雨气候环境中，设计时选择材料要注意防锈，多运用塑料制品或者不锈钢，色彩以亮调为主（图5-86）。环境设施的设计同时还要考虑与建筑环境相协调，并且能够体现出地方区域的特色，彰显城市特有的人文精神与艺术内涵（图5-87）。

图 5-86　用朽木制成的饮水设施与自然环境融为一体

十一、成本

成本是指生产某一种产品所耗费的全部费用。由于设施产品具有规模化生产的特征，成本控制得当，不仅关系到制造者的直接利益，而且也关系到采购者、使用者的利益，对于市场的竞争、产品价值和工程应用具有重大意义。成本包括直接成本和间接成本。直接成本主要指生产、制造等设施产品所需的材料、加工工艺、包装运输、安装施工以及人员工资所包含的费用；间接成本主要指生产制造过程中的管理、研发、商业流通、设备折旧以及福利税金等所包含的费用。作为一个设计师，在设计过程中，在确保品质的基础上不仅要控制好综合成本，还要对每个环节的成本费用作有效的研究。要以较低的成本设计生产出高品质的设施产品。创新的设计思维、高科技的加工工艺、现代的管理理念，是提高设施产品品质、降低成本的最有效手段（图5-88）。

图 5-87　景德镇街道路灯的陶瓷灯柱装饰富有浓厚的地域特色

图 5-88　利用旧物改建的公共用水设施，降低了制作成本

第六章
环境艺术设计的程序与方法

设计是一项有目的性的、人类特有的创作活动，它是将灵感、创意、联想、模仿等感性化因素与抽象、比较、思考、策划等理性因素紧密结合的工作。环境艺术设计具有各设计行业所拥有的共性，同时，作为一个在我国新兴的设计领域，环境艺术设计是与人们日常生活关系最为密切的设计工作之一，它从经济、文化、艺术、工程、科技等多角度出发，为现代社会的人们提供更加科学化、艺术化的环境设计，从而更好地利用环境，提高人类的生活质量。

环境艺术设计是一个复杂的过程，是多领域、多学科、多感官的综合表达，同时它也是一项实践性很强的工作。要成为合格的环境艺术设计师，除了具备扎实的理论基础和基本功外，还必须掌握并灵活运用设计工作的基本程序和方法。

第一节　设计程序

一、设计准备

设计准备阶段是一个设计项目的初始步骤，也是十分重要的设计程序之一。多数情况下，在准备阶段并不是立即着手进行图纸上的正式方案设计，而是对项目进行整体思考和深入分析，其中包括对项目背景的分析，对项目投资者、使用者的需求分析，对项目所在地的自然、文化、民俗等影响因素的分析，对空间的整体分析，对相关设计资料的收集和筛选等，这些都是有效完成设计工作的重要前提。

（一）项目使用者信息分析

在项目前期策划过程中，对项目未来使用者的分析和研究十分重要。在环境空间中，人是最本质的要素之一，特别是在室内环境中，人对功能感受的舒适与否，对空间内涵、文化的融入与否，与环境品位的符合与否，对视觉环境的接受与否，都是对一个"环境"设计成功与否的评价标准，这些都将是设计落笔前所需要做的重要"功课"。

1. 使用人群的功能需求

研究使用人群的功能需求就是要对设计项目未来要服务的使用人群进行合理定位，分析这些人群可能有哪些行为特点、活动方式以及对空间的功能要求，并由此决定在环境设计中应设置哪些功能空间以及这些功能空间在设计方面的要求。这里我们以两个不同类型的酒店室内空间为例来进行说明。

（1）五星级商务酒店

这类酒店所接纳的人群为高端商务人士，他们在这里主要进行的是高端商务会议、商务活动、商务party、企业年会、研讨会及产品发布会等活动。这些人群需要的功能空间包括商务会议厅、多功能厅、展览、展示区、酒店公共大堂、餐厅、客房、休闲、健身、SPA等场所（图6-1～图6-6）。进一步细分每一个功能空间，又可以发现商务会议厅要根据不同的会议人数有大有小；多功能厅的设计要能满足不同类型的商务会议及活动，并考虑到同时组织一家以上商务活动时对空间的要求；酒店公共区域要安排接待台、免费等待区、消费性大堂吧；展览、展示区要有实物性展示和虚拟展示场所；餐厅要包括日式、韩式、中式、西式等多种类型的餐厅及料理，以适应各种口味客人的饮食爱好；客房除了要拥有普通酒店客房的基本功能外，还需要专为商务人士提供工作空间、交谈空间。高端的商务酒店还要提供诸如游泳池、桑拿、健身、各种球类设施、酒吧等休闲娱乐场所。由此可见，目标人群的定位直接决定了商务酒店在功能上有别于普通的住宿酒店。

（2）时尚精品酒店

这一类型的酒店规模不一定很大，也不一定像五星级酒店那样具备所有功能，但地段较好、交通方便，价格可能会低于五星级高档酒店。酒店所面向的人群多为较年轻、有设计欣赏品位的人群，他们通常只需要酒店为其短期旅游、探亲访友、普通的公务出差等活动提供舒适、卫生的休息住宿环境。因此，在这类时尚精品酒店中通常不必要设置大规模的会议空间、餐饮空间、休闲娱乐空间。但针对目标人群的特点，酒店无论是在建筑外立面还是在室内空间的环境设计上都

图6-1　上海 The Puli 五星级酒店一层接待空间。客流量和星级评定标准决定了接待要满足一定的功能面积

图6-2　上海 The Puli 五星级酒店公共空间

图6-3　上海 The Puli 五星级酒店餐厅

图6-4　上海 The Puli 五星级酒店餐厅局部

图6-5　上海 The Puli 五星级酒店客房层走廊

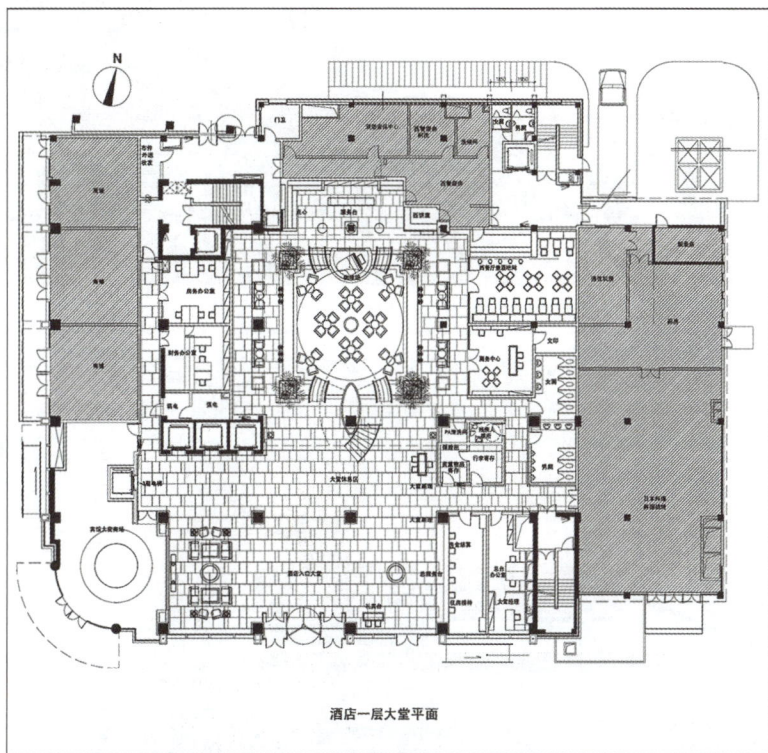

酒店一层大堂平面

图6-6　上海某五星级酒店一层大堂平面图

经过精心的创意，追求现代、时尚、简洁、节约、舒适，从而确立了与五星级酒店截然不同的风格（图6-7～图6-10）。

从以上两种完全不同的酒店中我们不难看出，对使用人群功能需求的分析是十分重要的，这些分析都是在设计落笔前要思考清楚的问题。一个设计如果不能做到"按需设置"，连基本功能都不能满足，或者强行加入不需要的功能，即使它设计得再"好看"，也绝对不能算得上一个成功的设计。

2. 使用人群的经济、文化特征

这里所说的经济与文化层面的分析，是指一个空间未来所服务人群的消费水平、文化水平、社会地位、心理特征等。之所以对这一层面进行深入而细致的分析，是因为环境艺术设计不仅要满足人们的物质需求，还应创造出满足人们精神享受的空间环境。

继续以酒店为例。一个高端的五星级商务酒店，在这里活动的客人大多是拥有一定工作经验、相对较高的职位、较好的经济基础、较高的学历和文化修养的人，因此在设计此类酒店室内外环境时就需要精心打造高品质、高品位、高标准、高服务的星级酒店的水准。无论是室内环境设计中材料的运用、色彩的搭配、灯光的调和、界面的处理都要适应这类人群的心理需求。而一个时尚驿站式酒店，它的消费人群主要是都市年轻的人士，他们时尚、前卫、风风火火、有朝气，为这类人群设计酒店应当充分考虑住宿的舒适、方便，注重设计元素的时尚感和潮流性，突出个性和创新。与五星级酒店强调豪华、气派不同，时尚驿站式酒店不一定要使用昂贵

图6-7　西班牙巴塞罗那某时尚设计酒店公共空间

图6-8　西班牙巴塞罗那某时尚设计酒店接待

图6-9　西班牙巴塞罗那某时尚设计酒店休闲空间

图6-10　西班牙巴塞罗那某时尚设计酒店中庭

的材料与陈设，因为使用人群很少会去关注墙面或脚下大理石的价钱，他们更感兴趣的是酒店所渲染的时尚氛围和生活方式。

3. 使用人群的审美取向

在设计之前，对使用人群的总体审美取向有一个整体上的把握也是十分重要的。"审美"是一种主观的心理活动过程，是人们根据自身对某事物的要求所作出的看法，它受所处时代背景、生活环境、教育程度、个人修养等诸多因素的影响。审美取向的分析主要以视觉感受为主体，包含了空间的分割、界面的装饰造型、灯具的造型和固有色、光环境、室内家具的造型、色彩及材质、室内陈设的风格、色调等。分析使用人群的审美取向就是要满足目标客户人群的审美需要，这种满足不是设计师无目的的迎合，而是在了解、研究人群需求后做出的符合他们审美要求的设计决策。例如，艺术家的个性张扬、官员眼中的得体、商人们追求的阔气、时尚人士崇尚的奢华、西方人眼中的海派弄堂，这些都是他们眼中的美。因此，在环境设计的前期调研与分析中，慎重、准确、有效地分析判断使用人群的审美取向对于整个设计是否能够得到认可有着重要的意义和作用。

（二）项目开发者信息分析

1. 与开发商有效沟通

环境艺术设计师在设计工作中的沟通是很重要的。在沟通与交流的过程中，客户可能通过表情、神态、声音、肢体语言、文字、语速等诸多方面，传达出自己的思想，表现出自己对事物的好恶。这样设计师就有机会充分感受或觉察到对方的主观态度、关注的重点、做事的目的、处世的方式等，而这些对后面的设计工作来说都是宝贵的有效信息。

环境艺术设计在具备多学科交叉的特征之余，还带有十分强烈的商业性。诸如展示设计、店面设计、餐厅设计、酒店设计等这些细分的环境设计更经常性地被称作"商业美术"（图6-11和图6-12）。其商业性表现在两个方面：对于设计者而言，这种商业性就是获取项目的设计权，用知识和智慧获取利润；而对于开发商而言，则是通过环境设计达到他们的商业目的——打造一个适合于项目市场定位和针对目标客户的环境空间，使客户置身其间，体验到物质、精神方面的双重满足感，心甘情愿为这样的环境"埋单"，从而使商家从中获得商业上的赢利。因此，与开发商的良好沟通，有利于设计者充分了解项目的需求、开发商真实的商业（或政治）意图和客户心中对项目未来的想象，这样才能创造出符合市场定位，能为项目商业目的服务的环境艺术作品。

图 6-11　某商业展示空间

图 6-12　日本某时尚小甜点店

2. 分析开发商的需求和品位

经过与客户的有效沟通后，项目设计者接下来的任务就是对在沟通中获得的相关资料进行认真地、理性地分析。

（1）分析开发商的需求

对开发商的需求分析主要包括两个方面：其一，通过沟通，分析出开发商对该项目的商业定位、市场方向、投资计划、经营周期、利润预期等商业运作方面的需求。例如：同样是餐饮业，豪华酒店、精致快餐、异国风味、时尚小店、大众饭店等都是餐饮业的表现形式，但一旦投资者确定了一种定位和经营方式，那无论从管理模式、商品价位、进货渠道、环境设计等任何一个方面都需要符合对它做出的定位。在此时，设计师需要更多地从商业角度去分析并体会投资者的这种需求，从而制定出环境艺术设计的设计策略，考虑在设计中将如何运用与之相适应的室内环境设计语言，最终创造出一个完全符合投资者合理定位下的室内外环境。其二，通过沟通，分析投资者对项目环境设计的整体思路和对室内外环境设计的预想。此时，设计师将以"专家"的身份提出可行性的设计方案，方案需要兼顾项目的商业定位和室内外环境设计的合理性与艺术性原则，还需要考虑到投资对项目环境的期望，包括对项目格调、设计风格、设计材料、设计造价的需求。

（2）分析开发商的品位

"品位"一词已成为当今潮流中被提及最多的词汇之一。无论是时尚界、地产界、餐饮界、服装界、汽车界、食品界，每个行业都在以"品位"为噱头，标榜"品位"。其实，品位抛去时尚的外衣，实质应当是一个人内在气质、道德修养的外在体现。

对开发商的品位的分析并不是要片面地对投资者"本人"进行调查、分析，而是希望通过沟通，感受到投资者乃至整个团队的品位，从而判断出投资方在项目环境艺术设计上的欣赏水平。这种判断和分析对于设计师不是最终目的，目的是要在了解开发商品位的前提下，分析业主对该项目环境的个人主观意愿及期望。但同时，设计者有义务在投资者主观意识偏离项目整体定位的情况下，建议开发商适当地调整自己的思路，让设计团队以专业的设计技术来达到更高的环境艺术设计标准。

在此需要指出的是，作为一名专业环境艺术设计师，要具有专业精神和职业素质。在考虑投资者的要求，满足他们对项目环境设计期望的同时，应该以积极的态度去对待环境艺术设计，要科学而客观地分析设计可能达到的效果和实施的可行性。当遇到投资者的意愿阻碍到了设计效果的实现，作为设计师有义务在充分尊重投资者的前提下，以适当的方式提出建设性的意见，并说服业主。

（三）项目环境分析

在环境艺术设计项目设计之初，需要对室内、外环境进行诸多的考察和调研、分析。这种分析包括对项目所在地自然环境、人文环境、经济与资源环境以及周边环境的分析。这些分析将使设计更加适合场地，更加具有当地的人文特征，也更加有"文化性"。

1. 自然因素

每一个具体的环境艺术设计项目都有其特定的所在地，而每一个地方都有其特有的自然环境。自然环境的不同往往赋予环境设计独特的个性特点。在一个设计开始进行时，需要对项目所在场地及所在的更大的区域进行自然因素的分析。例如当地的气候特点，包括日照、气温、主导风向、降水情况等，基地的地形、坡度、原有植被、周边是否有山、水等自然地貌等，这些自然因素都会对设计产生有利或不利的影响，也都有可能成为设计灵感的来源（图6-13和图6-14）。

2. 人文因素

每一座城市都有属于自己的历史、文化印记，辉煌的古代帝王都城、宜人的江南水乡、曾经的殖民租借口岸、年轻的外来移民城市……不同城市有它独特的演变和发展轨迹，孕育出不同的地域文化，形成不同的民风民俗。所以，在设计具体方案之前，有必要对项目所在地的历史、文化、民间艺术等人文因素进行全面调查和深入分析，并从其中提炼出对设计有用的元素（图6-15a 和图6-15b）。

以上海"新天地"为例，该商业街是以上海近代建筑的标志之一——石库门居住区为基础改造而成的集餐饮、购物、娱乐等功能于一身的国际化休闲、文化、娱乐中心。石库门建筑是中西合璧的产物，更是上海历史文化的浓缩。新天地的设计理念正是从保护和延续城市文脉的角度出发，大胆改变石库门建筑的居住功能，赋予它新的商业经营价值，把百年的石库门旧城区改造成一片充满生命力的新天地（图6-16a 和图6-16b）。而这一理念正好迎合了现代都市人群对城市历史的追溯和对时尚生活的推崇。在环境艺术设计上，新天地保留了建筑群外立面的砖墙、屋瓦，而每座建筑的内部则按照21世纪现代都市人的生活方式、生活节奏、情感世界度身定做，无一不体现出现代休闲生活的气氛。漫步其中，仿佛时光倒流，有如置身于20世纪二三十年代的上海，但跨进每个建筑内部，则非常现代和时尚。每个人都能体会新天地独特的魅力：继承与开发同步，传统与现代同步，也都能从中品味到海派文化的独特韵味（图6-17）。

3. 城市经济、资源因素

对城市经济、资源因素的分析包括城市经济的增长情况、经济增长模式、商业发展方向、城市总体收入水平、城市商业消费能力、城市资源的种类、特点以及相关基础设施的建设情况等，这些因素对项目定位、规划布局、配套设施的建设都有一定的影响。

图6-13　西班牙托来多古镇，地中海较强光照下的特色风格建筑

图6-14　巴厘岛上随处可见取材当地植物的凉亭小品和小型景观设施以及就地取材的大量火山石作为地面

航海标志
与航海有关的宾馆
从名字就能让人们把它和大海联系到一起
灯塔是远洋与航海的象征
在宾馆的室内装饰设计中
巧妙地将灯塔的象征形式融入其中
把宾客比作海上的行者
宾馆为他们打造一个旅途中归属的

东方符号
业主要一个东方文化的酒店
我们却不愿意再次
重复所谓的中式符号
我们试图选择一种情感沟通式的元素——
月亮
我们将在酒店设计中，把月亮作为一个母题
将月亮的象征、寓意、形式并用
打造一个充满东方意境的酒店……

外滩文化
宾馆地处北外滩
特殊的位置让它具有旧上海的情怀
我们在宾馆室内设计中
希望融入记忆中老上海特有的情调
让人们在现代都市中
寻找一份逝去的感受

上海味道
现代上海包罗万象
我们更期望在北外滩的宾馆中
打造出一个具有海派
生活特质的高端宾馆
用建筑与室内设计的语言
营造出一种多元的生活方式

图6-15a　上海北外滩某五星级酒店，航海、老外滩记忆、东方情怀和新上海的国际化是酒店的主题

图6-15b　上海北外滩某五星级酒店内景

图6-16a　新天地改造前

图6-16b　新天地改造后

图6-17　新天地英式酒吧的全新玻璃构造连接起两座保留建筑

4. 建成环境因素

对景观设计项目而言，建成环境因素是指项目周边的道路、交通情况、公共设施的类型和分布状况、基地内和周边的建筑物的性质、体量、层数、造型风格等，还有基地周边的人文景观等。设计者可以通过现场踏勘、数据采集、文献调研等手段获得上述相关信息，然后进行归类分析。这是在着手设计方案之前必须进行的工作。

对室内环境设计项目而言，建成环境的分析主要是指对原建筑物现状条件的分析，包括建筑物的面积、结构类型、层高、空间划分的方式、门、窗、楼梯及出入口的位置、设备管道的分布等，对原建筑的分析越深入，在以后的设计中才越能做到心中有数，少走弯路，提高方案的可实施性。

（四）设计定位

项目设计者需要在进行具体设计实施之前对将要操作的项目做一个整体的设计定位。这里所说的定位主要是指设计想要塑造的整体风格和由此产生的视觉效果和心理感受。例如设计酒吧时，设计者可以有多种设计定位：精致的、粗犷的、复古的、后现代的、情调的、自然的、酷的等。而同样一种定位的酒吧在室内环境设计的具体手法上也不尽相同。因此设计者在着手设计之前应该确定项目的整体设计风格，在这个原则下再进行空间的设计、材料的选择、色彩的搭配、陈设的配置，从而保证环境艺术的整体性和协调性。

（五）相关设计资料收集

1. 现场资料收集

（1）场地体验

尽管借助现代地理信息系统技术我们可以坐在办公室里就能从不同层面认识和分析远在千里之外的场地特征，尽管凭借建筑图纸我们也可以建立起室内空间的框架和基本形态，但设计师对场地的体验和对其氛围的感悟是任何现代技术都无法取代的。这就要求设计者必须进行实地的观察，亲身体验场地的每一个细节，用眼去观察，用耳去聆听，用心去体会，在实地环境中寻找有价值的信息。我们在场地中能听到的、嗅到的以及感受到的一切都是场地的一部分，都有可能对项目的产生影响，也都有可能成为设计的切入点甚至是亮点。因此只有通过实地的观察，我们才能获得最宝贵的第一手资料，真正认识场地的独特品质，把握场地与周围区域的关系，从而获得对场地的全面理解，为日后的设计打下基础。场地体验过程中可以用拍照、速写、文字的形式记录下一些重要信息或当时的体会。在条件允许的情况下，还可以在项目过程中进行多次现场体验，作为不断修正方案的依据。

（2）实地参观同类型项目的室内外环境设计

通过对一些已建成项目的分析，从中汲取"养料"，吸取教训。在实地参观之前应该做好前期准备工作，尽可能收集到这些项目的背景资料、图纸、相关文献等，初步了解这些项目的特点和成功所在，在此基础上进行实地考察才能真正有所收获，而非走马观花、流于形式。

2. 图片资料收集

相关资料的收集包括设计法规和相关设计规范性资料以及优秀设计资料的图片及文字、项目所在地的文化特征图片、记录地区历史及人文的文字或图片。图片资料在前期准备阶段可以为设计工作提供创作灵感。在现代的网络时代中，通过网络和书籍搜寻到全国各地、世界各地的相关类型的设计资料，可以节省逐一现场参观的时间，也可以领略到各国、各地的设计特色，作为对即将操作项目的启发。

二、方案设计

方案设计是环境艺术设计程序中最重要的内容之一。在方案阶段中按照方案的深入程度把它分成概念设计阶段和深化设计阶段。

（一）方案概念设计

方案的概念设计是从整体的角度思考环境间关系的阶段，它包括对环境艺术设计方案的立意、构思、设计理念确立以及对环境空间的宏观设计。在这个阶段中不必过分关注环境中的诸多次要矛盾和每一个细节，而是要首先确立一个符合项目特点、立意恰当明确的设计理念，同时在概念设计阶段还需要着重把握整体功能布局，保证使用者的功能需求，并从宏观角度准确划分各功能空间。这一阶段中的设计图纸大都采用概括式的表达方法。

例如在上海雁荡路步行街景观改造项目的概念设计中，设计师首先对该步行街的分段作了合理的调整，将原来不够清晰的商业步行街和休闲步行街进行了功能上的明确划分；然后，对商业步行街的建筑立面进行了整合，在原有欧式风格的基础上进行局部的调整或改造，使整个步行街商业街部分形象统一而不失变化，并具有了一定的识别性；在概念设计中还对步行街景观做了创意性设计，在商业步行街段用"树"的主题概念进行了创意，与光和谐搭配，形成美妙的视觉景观（图6-18～图6-22）。

（二）方案深化设计

方案深化设计是在设计理念确立、设计立意和构思相对完整之后，对概念阶段的方案进行的深入设计。在这个阶段中，主要是要对室内外环境的平面布局做深入的设计和反复的调整，在调整过程中不断推敲和完善设计方案。这一阶段是设计扩初的基础，是反复完善设计方案的设计过程。

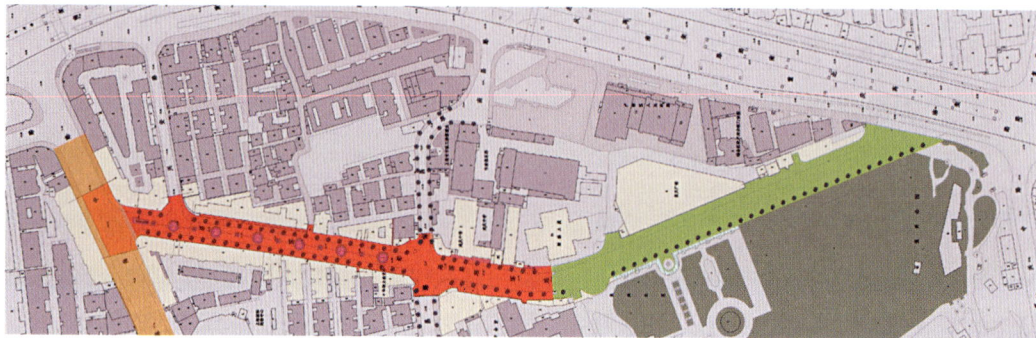

（一）原构架

雁荡路步行休闲街位于上海市卢湾区以北，北起淮海中路，向南经兴安路、南昌路，与复兴公园大道连通，全长542.5米。以复兴公园北门为界，雁荡路北段长约300米，宽19.2～19.3米，现车行道宽10.8～11.4米，路面铺设彩色路面砖，两侧植棕榈树；南段位于复兴公园内，长约240米，单侧植梧桐树。

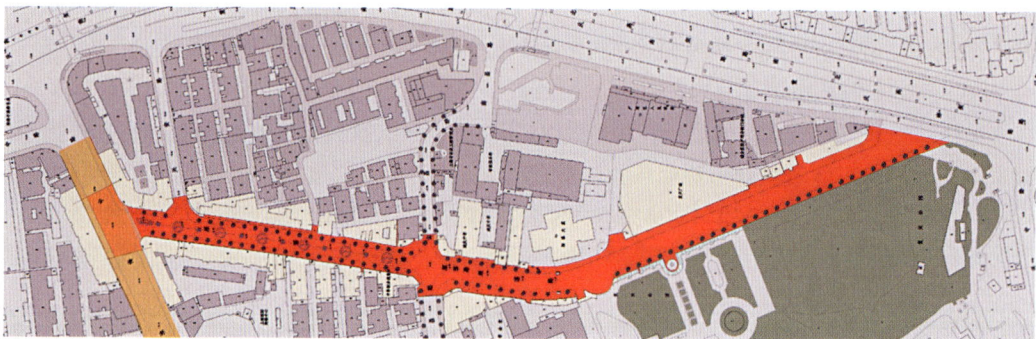

（二）构架一

雁荡路南北两段均以步行街形式构成。此构架北段以商业步行街为主，结合固有的欧式建筑风貌创造特有的商业性质的休闲步行街；南段也同样为步行街形式构成，不同之处是结合复兴公园的自然风景，营造文化、轻松自然的休闲步行街，着重突出其与景的结合。如此，南段的交通便成为首当其冲的重要问题。

解决方案：在复兴公园建造地下停车库，在雁荡路之外设置车辆出入口，雁荡路南段设置车库的人流出入口，以保证雁荡路无机动车通行。

（三）构架二

雁荡路北段保持商业步行街形式，南段仍然保持车辆通行。

解决方案：仍在复兴公园地下设停车库，复兴公园现有入口改在雁荡路两边与其平行（可与步行街形式一同考虑）以保证交通。复兴公园与步行街以水景相隔，功能分而景色合，从而相得益彰。

图6-18　雁荡路步行街景观改造项目的概念设计（一）

雁荡路步行街北段商业街地面铺装

本案地花的设计也是新颖别致，大面积的广场砖保证了路与路之间衔接，也同时保证了她们之间的整体性。极具特色的是，在水晶树下方采用大面积玻璃马赛克铺装，疏密变化，错落有致，其间点缀数盏地灯，夜晚灯光通明，宛如水晶树的片片落叶，"翩翩落叶舞，纯纯水晶情"，随着水晶树的存在，身边的一切，都那么美……

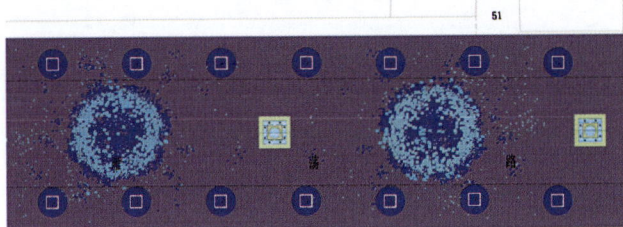

夜晚蓝光效果

夜晚蓝光下，地面及周围的环境相应变为蓝调，光影晃动，影影绰绰间，那将是一支精美的圆舞曲。地面上闪烁的灯光，就是那跳跃的音符……

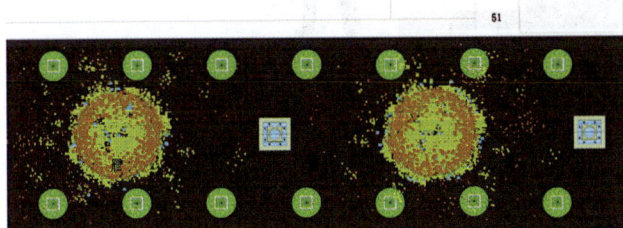

夜晚橙光效果

橙光下，地面及周围的环境更是喜换新颜，地花更像是秋日里梧桐的落花，色彩绚丽，美不胜收，有它的存在，商业气氛自然不失。

图6-19 雁荡路步行街景观改造项目的概念设计（二）

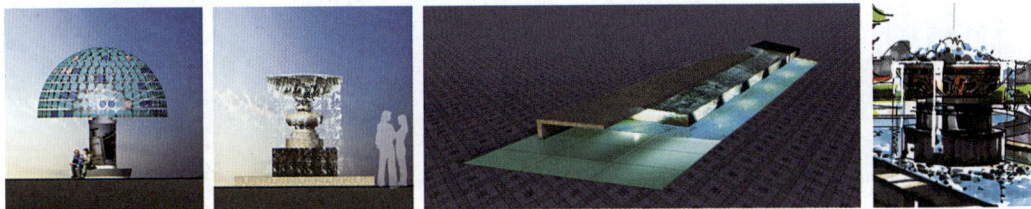

图6-20 雁荡路步行街景观改造项目的概念设计（三）

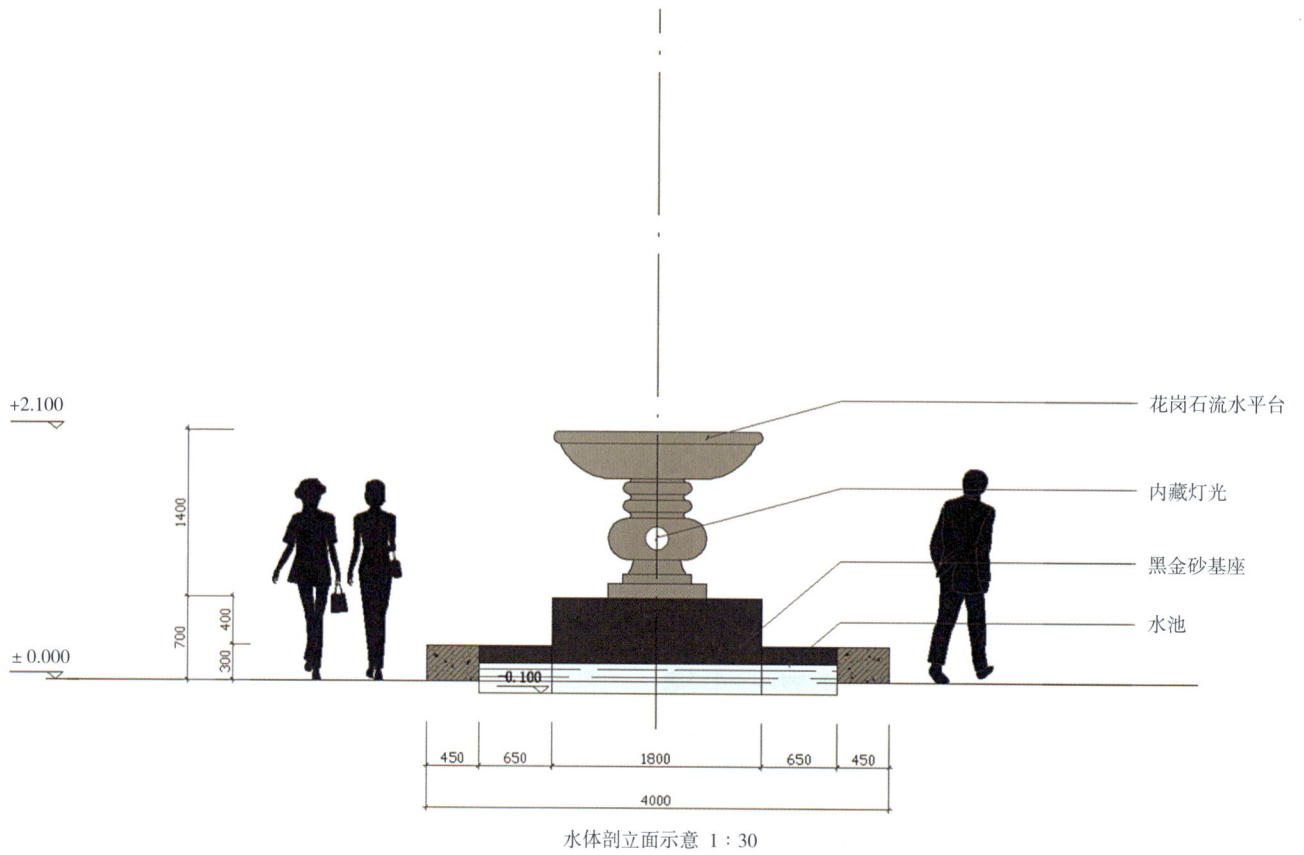

+2.100

1400

700   400

300

± 0.000

-0.100

450   650   1800   650   450

4000

花岗石流水平台

内藏灯光

黑金砂基座

水池

水体剖立面示意 1：30

图 6-21　雁荡路步行街景观改造设计中景观小品的意象设计

图 6-22　雁荡路步行街景观改造项目的概念设计效果图

三、设计扩初

在方案主体基本完成后，设计进入到扩初阶段。设计扩初主要是针对平面布局的进一步深化和确定，同时，与负责机电的专业技术人员沟通、交流，不断修改和完善空间的顶面（针对室内环境）、立面。在这个过程中设计方案随着修改和调整不断深入、细化。

四、施工图设计

施工图设计阶段是对设计的未来实施进行详细的设计。在这个阶段中，图纸需要详细到每一个具体尺寸。平面、顶面、立面、节点都需要详细到每一处的尺寸标注，同时，需要确定材料以及具体的施工方法。施工图的准确与精确程度直接影响到项目的实施和最终的效果。因此，在施工图纸设计阶段，要充分了解设计规范，严谨地对待设计中的每一个细节。

五、设计实施

设计实施阶段是一个将设计图纸转化成真实室内外环境的实施过程。在这个过程中，工程的技术人员和建筑工人将按照图纸的精确尺寸和制作方法进行施工。设计师的设计图纸虽已基本完成，但仍然肩负着局部调整设计图纸和施工现场配合的重要工作。

局部图纸调整是指在整体施工图设计完成后，对于图纸中存在的局部设计问题，设计师与施工单位及投资方及时沟通，进行局部的调整。调整的原因是多方面的，可能是技术因素、资金因素、场地或建筑本身因素等。这个阶段的施工图纸不会做全盘推翻式的重大改动，但局部施工节点等图纸的改动依然是设计实施阶段中不可避免的现象。

现场配合是指在项目施工进程中，设计师需要经常到施工现场，把控设计方案在施工过程中的整体效果和细节，当施工图纸与实际施工现场出现差别时，在现场进行技术性的设计修改。

第二节　设计方法

上一节介绍了环境艺术设计的基本设计程序，从中可以看出设计是一项千头万绪的工作，初学者往往会觉得无从下手。其实，看似复杂的设计工作，只要掌握了正确的设计方法，就会变成充满趣味而愉快的创意过程。这一节就将着重探讨环境艺术设计的设计方法。

一、设计思考方法

思考方式的正确与否直接影响着设计的发展方向和全过程，掌握正确的设计思考方法是培养良好设计习惯和提高设计能力的基础和前提。环境艺术设计的思考方法主要有以下几点。

（一）意在笔先、笔意同步

1. 立意是设计的"灵魂"

意在笔先原指创作绘画时必须先有立意，即深思熟虑，有了"想法"后再动笔。这种意与笔的关系同样可以运用到环境艺术设计的领域中。立意是确定创作主题的意念，设计的立意影响着设计的发展方向，把控着环境艺术设计的思想内涵。因此，一个好的立意往往能使一个环境空间达到很高的境界，并使人们对环境空间产生无限的遐想和回味。立意是环境艺术设计师全面细致、深入有序地对环境设计的各个因素进行分析调查研究后的结果，而非凭空想象。

在环境艺术设计中，设计的立意对整个项目的设计至关重要。可以说，一项设计，没有立意就等于没有"灵魂"，一个准确的、新颖的、适合的项目立意在战略上就已经决定了这个项目的成败。这里以大连的"海之韵"广场的成功立意来举例说明。大连作为北方最著名的海滨城市之一，有诸多的城市广场，但当时却缺少一个主题性滨水广场。为此市政府举行了设计招标，诸多设计公司、设计事务所、高校都竞相参加竞标。其中一个方案是在海边广场上建造一个以海浪为主题的雕塑，用一组白钢的曲线雕塑作为整个广场的主题，这组雕塑充分表达了海的曲线、海的浪漫、海的变幻、海的动感，广场的地面设计也以浪花的曲线形式为呼应，整个设计在所有元素上都很好地表达出"海"的主题，整体环境充满韵律感，并赋予了它一个美丽的名字"海之韵"（图6-23）。最终该方案以其巧妙的立意在所有投标方案中脱颖而出，被确定为实施方案。由此也可见设计立意的关键作用。

2. 手脑并行

设计构思是一个连贯的过程，需要将大量的抽象信息在一定时间内转换成形象语言并快速记录下来，这就要求设计者能够手脑并用，边构思边动笔，在思考的同时，手在纸上不停地勾勒出构思草图，把思想快速转化成有价值的符号和信息，通过线条、形体、空间的勾画，给设计者提供可创意的灵感。这就是所谓的笔意同步。这个方法十分有助于在设计前期构思、方案探讨过程中逐步明确立意、构思，是初学者应尽快掌握的设计方法之一。

（二）大处着眼、细处着手

1. 大处着眼的整体意识

环境艺术设计必须树立全局观念，从大处着眼，把握住整体关系。例如在室内环境设计中，首先应考虑整个空间、整体界面、整体色调、整体风格、整体意境的相互协调关系。这种协调类似于绘画中"起稿"的概念，先勾勒出一个总体的"轮廓"并反复推敲，在确定一个相对完善

图6-23　大连海之韵广场"海之韵"主题雕塑，海鸥在伴随着海浪尽情地舞动

的总体方案之后，再进行下一步的具体设计。这样才能有效避免方案整体杂乱无章或挂一漏万，出现重大方向性的错误。

2. 细部着手的细致刻画

细处着手是指进行具体设计时，必须根据环境的使用性质、使用特点深入调查、收集信息，从最基本的人体尺度（人体工程学）、人流动线、活动范围和活动特点、家具与设备等的尺寸以及使用它们所必需的空间着手。同时，需要分别针对每一个具体的空间和空间界面进行设计，大到一个主要立面，小到一个顶面的脚线处理。细处着手能够让每一个部分都有完善的细节，细节是最能体现品质的设计亮点。

3. 整体与细部兼顾

"大处着眼"、"细处着手"，整体与细部兼顾，这要求设计师具备从整体到局部的观念，善于整合整体和细部之间的关系，在"整体"观念的指导下把控全局。例如在设计室内环境时，首先要处理的是空间的功能布局、空间的组合、空间的流线、空间的动势、整体室内环境的基调和风格，之后才是某一个界面如何深入，具体选择哪些种类的材料，用什么色彩，最后是在空间定型后如何为整个空间配置室内陈设。而在室外的环境设计中，首先要运用全局的思维方式做好场地的规划，完成划分功能区域、设置道路等宏观设计，在整体设计完善之后，再对植物配置、建筑小品、环境设施、地面铺装等景观细部节点进行仔细推敲。当然，在设计过程中，许多细节都会对整体环境效果产生重大影响，如家具、灯具、软装饰、艺术陈设品的选择都能够直接影响到室内环境的整体效果，而景观设施的造型、色彩、地面铺装的材料图案的设计也更能够体现环境设计中的人性化。因此在设计时应注重两者兼顾，并做出及时调整。

（三）从里到外、从外到里

建筑师依可尼可夫曾说："任何建筑创作，应是内部构成因素和外部联系之间相互作用的结果，也就是'从里到外'、'从外到里'。""环境"包含了室内环境、室外环境以及室内与室外环境的连接过渡。环境艺术设计则是包含了对室内环境、室外环境的系统设计。室内环境的"里"和与之相连接的其他室内环境以及建筑室外环境的"外"，它们之间有着相互依存的密切关系，这是一种相互制约、相互连接、相互影响、相互促进的关系。因此，我们在进行环境艺术设计时，需要从里到外，由外到里地多次反复协调、反复推敲，充分完善各内部环境之间的协调与内外部空间之间的协调，使整个环境设计更趋完善合理，做到让室内环境、建筑、景观之间形成性质、标准、风格、格调等多方面的协调统一。

二、图解思考

图解法主要有框图法、区块图法、矩阵法和网络法四种方法，其中框图法（又称为泡泡图解法）最常用。框图法能帮助快速记录构思、解决平面内容的位置、大小、属性、关系和序列等问题，不失为环境艺术设计中一种十分有用的方法。

泡泡图的绘制十分随意，设计师可以用任意形状的泡泡大致表示不同的空间用途，这些空间用途是根据区域划分原则和通道分类组织的。这些互成比例的泡泡可以表示每个区域的相对大小和重要性。距离和连线表示了区域间和活动间的关系。箭头表示的是出入口以及大致的通道样式。场所和朝向的各种信息也可以在图中表示出来。在设计过程中可以多次重排泡泡，从各角度分析区域间、活动间的关系（图6-24a至图6-24c）。

明确了各项内容之间的关系及其强弱程度之后就可以进行具体的平面布局和设计。在平面布置时可以先从理想的分区出发，然后结合具体的条件定出方案；也可以从使用区着手，找出其间的逻辑关系，综合考虑后定出平面布局（图6-24d和图6-24e）。

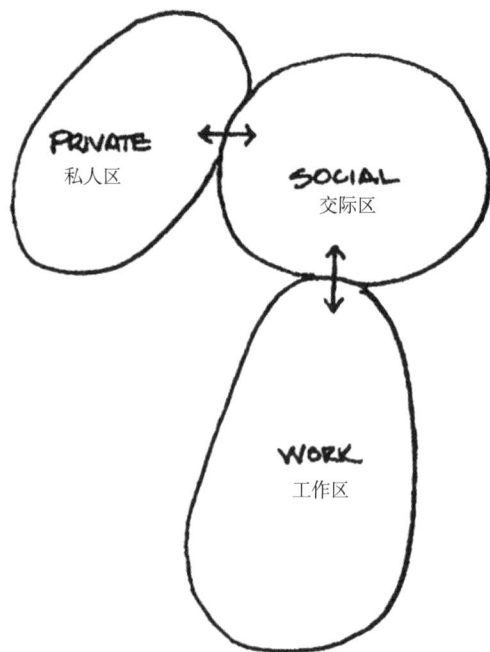

图 6-24a　某住宅设计的图解思考过程（一）

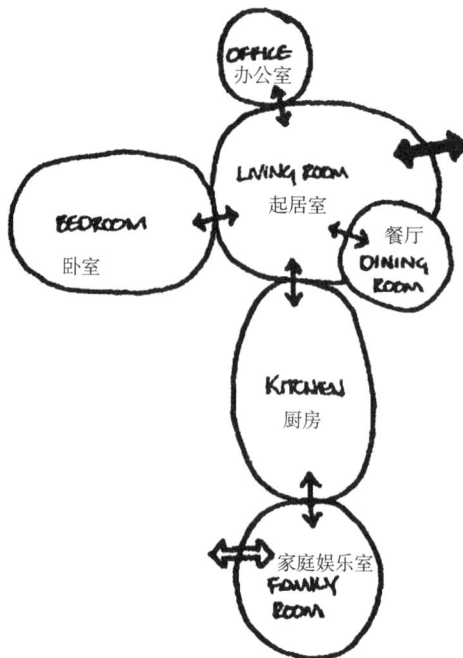

图 6-24b　某住宅设计的图解思考过程（二）

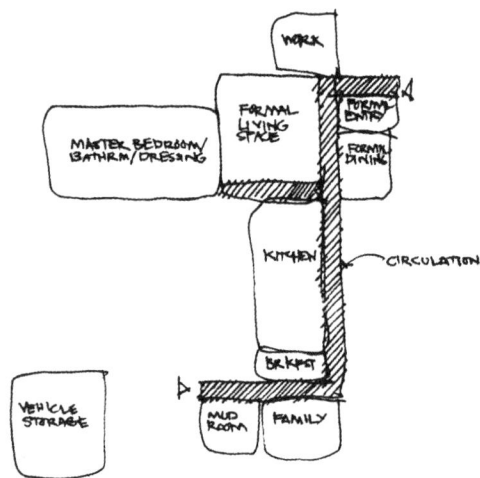

图 6-24c　某住宅设计的图解思考过程（三）

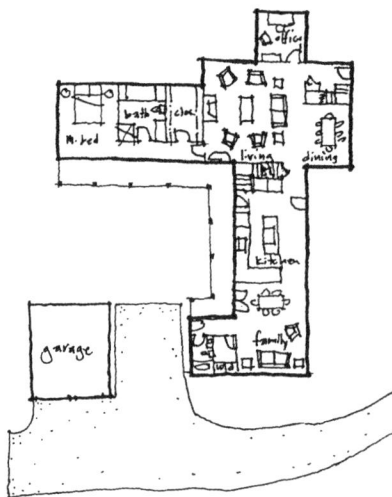

图 6-24d　某住宅设计的图解思考过程（四）

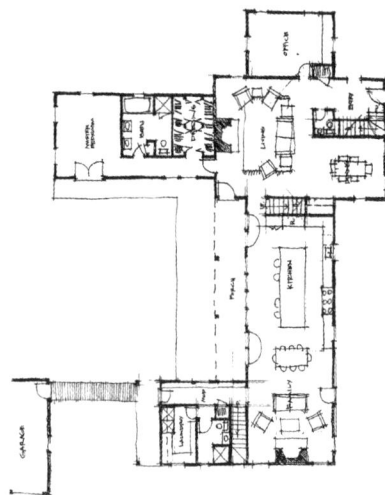

图 6-24e　某住宅设计的图解思考过程（五）

三、多方案比较

（一）多方案比较的必要性

"多方案构思"的设计方法是环境艺术设计中重要的设计方法之一。中学的教育内容与学习方法在一定程度上养成了我们认识事物、解决问题的定式，即习惯于方法和结果的唯一性与明确性。然而，对于环境艺术设计而言，认识、解决问题的方式和最终的结果都可能是多样的、相对的、不确定的。这是由于影响环境艺术设计的客观因素众多，同时，在认识和对待这些客观因素时，设计者任何细微的侧重和设计喜好都会导致不同的方案对策，只要设计者没有偏离正确的环境艺术设计观，所产生的任何方案就没有简单意义的对错之分，而只是对设计的理解和设计水平的优劣之分。

多方案比较的方法也是环境艺术设计的目的性所要求的。无论是对于项目的设计者还是建造者，方案构思都是一个过程，其最终的目的是取得一个尽善尽美的、可实施的方案。然而，如何去获得一个理想而完善的方案，就需要我们在反复的、多方案比较的构思中寻找。由于一切事物都有它的相对性，要求绝对的完美的设计方案并不很现实，但我们是要在一定的范围内尽可能地去寻求相对完美的设计方案，而唯有多方案的比较才是实现这一目标的可行方法（图6-25～图6-27）。

多方案比较的过程中需要民主、客观的态度。要让设计项目的使用者和管理者真正参与到环境艺术的设计中来，体现出环境艺术"以人为本"的特征。在多方案比较中，要使得对各个方案的分析、比较、选择的过程成为真正的可能，而不要只流于形式的为了有比较而比较。在参与多方案的构思中，不仅仅要评价多个设计方案，更重要的是要从这些方案中提出问题、发表见解，比较的关键是"解决问题"，是要最终能在多方案中寻找到最适合的环境艺术设计方案。

（二）多方案比较的原则

在进行多方案比较的过程中，多方案比较应该满足一定的原则。

首先，方案的数量。在多方案比较中，应有足够数量的方案。这时的方案可以是构思形式的，也可以是略微深入设计的，甚至可以是简单概念式的。提供数量相对较多的方案可以保证方案的可比性和科学选择所需的足够大的范围。

其次，方案的多样性。在备选的方案中应包括从多角度、多方位、多切入点来审视项目的方案，使多个方案中可以选择的内容更加丰富。

另外在环境艺术设计中，无论是室内环境还是室外环境，设计方案的提出都必须以满足使用功能与要求为前提，否则，再多的创意、再多的设计构想也没有意义。因此，在方案的构思过程中，应该随时进行必要的筛选，随时否定那些不切实际、不具有可实现性的方案构思，以免在设计的创意和构思中浪费掉宝贵的时间。

（三）多方案比较与优选

征集了各类型方案后，就可以进行方案的分析比较，从中选择出理性的、有可操作性的、具有发展意义的设计方案。对方案的比较和优选应遵循以下原则。

首先，参照设计要求，有针对性地考查方案是否符合业主的需求和规划部门对项目的要求，是否满足基本的功能要求、环境需求、安全要求等，这是鉴别一个方案是否合格的基本标准。一个方案无论其构思如何具有特色和个性，如果不能满足业主的需求，不能满足基本环境的使用功能，不符合规划的规范要求，都不能算一个成功的设计作品。

图6-25　上海纺织服饰博物馆入口室内设计方案（一）特点是将入口空间最大化，帘、和桌椅更多是对空间的装饰性点缀

图6-26　上海纺织服饰博物馆入口室内设计方案（二）设计特意形成不对称的空间关系

图6-27　上海纺织服饰博物馆入口室内设计方案（三）在加大入口空间的同时，使界面具有功能作用——博物馆的中英文简介说明

其次，比较方案特色。一个好的环境艺术设计方案应该在功能上是合理的，在形式上是美观的，那些缺乏创新和特色的环境设计方案将会是平淡乏味，难以打动人的，也是不值得选取的。对于那些盲目照搬、抄袭的设计，更是应该在方案的筛选阶段就选择放弃（图6-28和图6-29）。

最后，判断方案的可修改性。在多方案比较中，需要考虑到方案是否具有可调整和修改的可能性。虽然任何方案或多或少都会有一些缺点，但有的方案的缺陷尽管不是致命的，却不容易做小幅度的调整，如果彻底调整，就有可能丢失掉原有方案的特色和优势。选择此类的方案时，要对其修改的难度有足够的认识和重视，以防留下隐患。

图6-28　某法院入口大厅室内设计方案（一）现代大气，作为普通的入口大厅是很不错的方案，但作为法院的主入口大厅，方案（二）中具有对称视觉效果的设计更符合空间的功能属性

图6-29　某法院入口大厅室内设计方案（二）

第三节　设计表达

设计表达同样是环境艺术设计中的一个重要的环节。设计方案的理念、思路、功能、形象都是通过视觉的感官传达给人的大脑，人通过这种直观的感受了解功能的布局，明确装饰的形式，"读懂"方案的内涵。设计方案表达是否充分、是否得体，不仅关系到方案设计的形象效果，而且会影响到方案的社会认可程度。根据目的的不同和所要表达的方式的不同，可以将表达形式分为以下几类。

一、图纸表达

图纸表达一般会根据设计的不同阶段和内容采取不同的表达方式，主要包括方案草图、手绘效果图、电脑效果图和施工图。

（一）草图

草图是在设计构思之初在图纸上的"勾勾画画"，是设计师寻找灵感、打开思路的开始。草图并不是最终的成稿，通常也不会提交给业主，它是设计者用来记录思维过程，反复推敲设计方案，和设计团队相互沟通的一种方式。正因为如此，草图不需要刻画设计的全部细节，而是重点表达整体的构思、空间关系、造型创意等（图6-30和图6-31）。当然，如果在一个设计方案中设计师的目的就是要突出某个创意性的细节，运用这个细节来作为整个设计的亮点，那就需要在草图的图纸上清晰而适当夸张地去刻画这个设计部分。

草图的表现方法很多，用铅笔、钢笔、针管笔、马克笔、彩色铅笔等都工具可以绘制草图。无论采用何种表现技法，重要的是能快速地表达出头脑中一闪而过的想法，而不必拘泥于线条的描画和图面的美化（图6-32a和图6-32b）。

图6-30　劳伦斯·哈普林绘制的爱悦广场设计草图与实景

图6-31　理查德·罗杰斯绘制的波尔多法院设计草图及实景

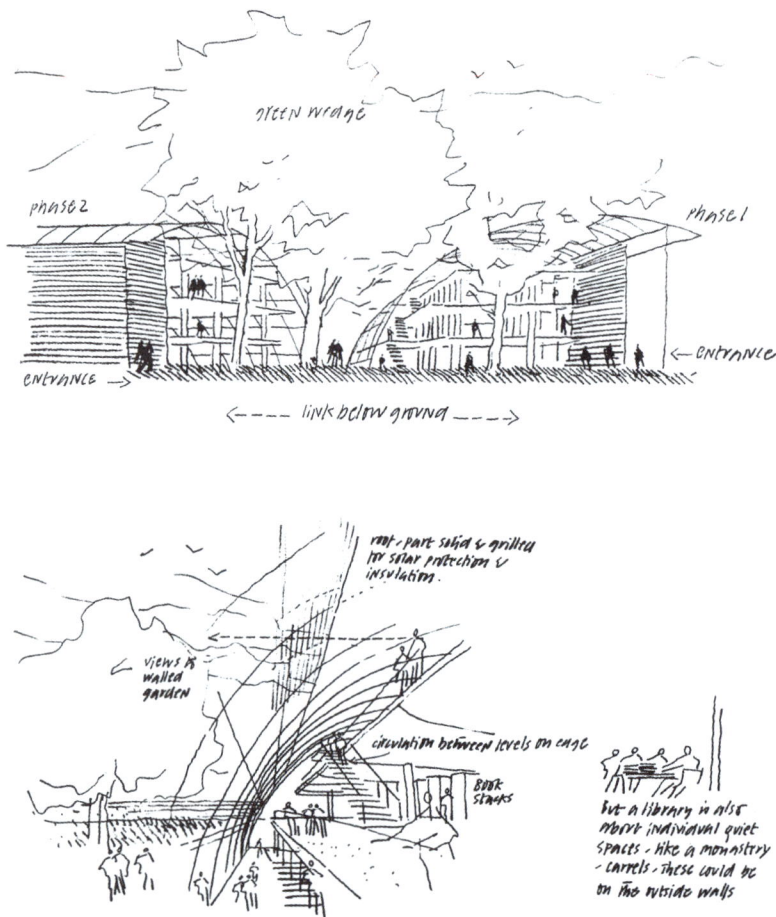

图6-32a　诺曼·福斯特绘制的剑桥大学法学院设计草图

图6-32b　诺曼·福斯特设计的剑桥大学法学院实景

（二）手绘效果图

在初步方案完成之后，为了能更加清晰地表达出设计的主要内容和关键点，设计师往往需要绘制相对详细的手绘效果图。手绘效果图的作用之一在于帮助设计师更清晰地认识空间，发现空间设计中的不足，发现设计中的比例与尺度中所存在的问题，以便于进行深化设计和必要的修改，同时还有助于设计团队之间更好地沟通设计方案，发现问题和不足。手绘效果图的作用之二在于，大多数业主都没有相关专业背景，很难通过阅读平面图、立面图等专业性较强的图纸想象出空间的形象，而手绘效果图则能较为直观地、形象地反映出空间的特点和设计的意向，帮助业主理解设计师的意图，进一步促进两者之间的沟通。手绘效果图的优点在于工具简单、绘制迅速、易于携带，能够将设计的方案直观地表达出来，但它的缺点在于，线条、颜料、马克笔等工具绘制的效果图缺乏真实性，对于非专业人士来说，还是不容易准确把握未来空间的真实形式。

手绘效果图的表现方法也很多，可以利用铅笔、针管笔、马克笔、彩色铅笔、水彩、水粉、透明水彩、色粉等诸多材料来表现。在表现方法上可根据不同的表达目的突出重点，比如可以侧重表达环境空间，表现色彩的对比关系，还可以侧重渲染整体气氛或强调某个独具特色的结构创意。手绘效果图是环境艺术设计专业的重要专业技能，手绘技术的熟练和表现能力的好坏，会直接影响到设计者能否顺利的用"图纸"的语言表达出自己的设计意图（图6-33 ~图6-38）。

图 6-33 别墅客厅手绘（作者：吕海岐），该图在很好地塑造整体空间的同时，突出重点，图面的松紧、张弛关系把握十分到位

图 6-34 步行街景观夜景手绘（作者：吕海岐），该图主要目的是渲染气氛，突出表现步行街夜间的繁华氛围

图 6-35　某售楼处接待大厅手绘表现图（作者：张波）

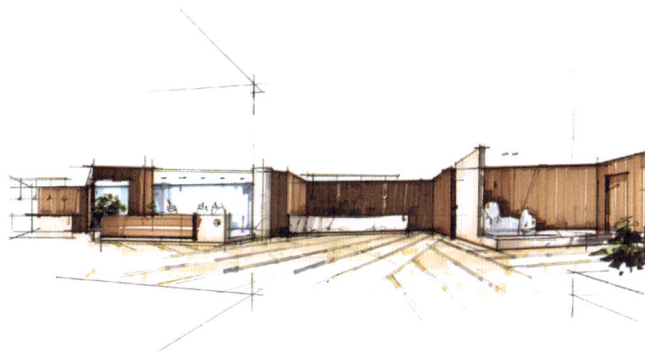

图 6-37　某接待大厅手绘表现图（作者：吕海岐）

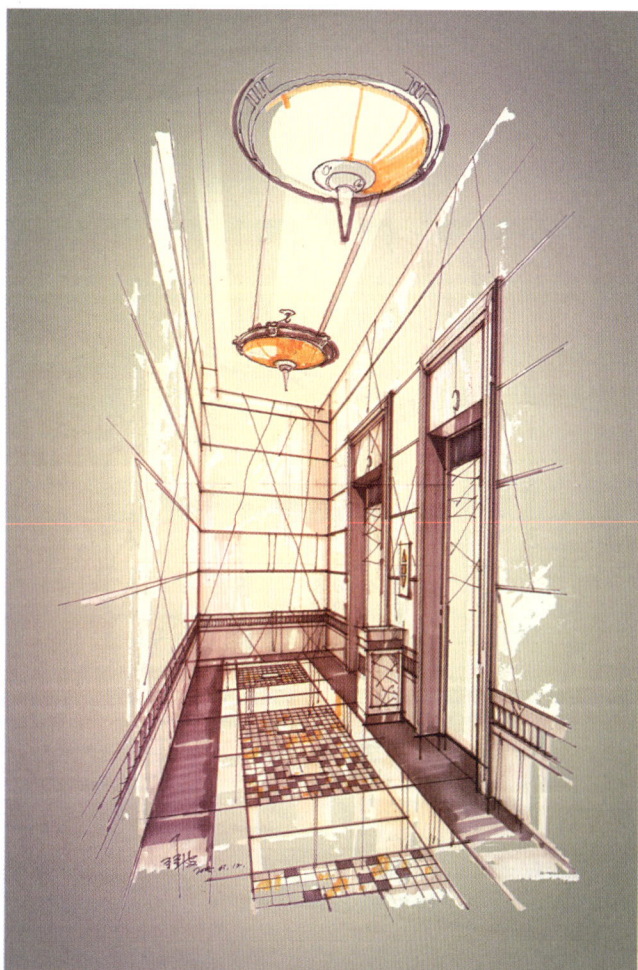

图 6-36　某电梯厅手绘表现图（作者：张波）

图 6-38　售货亭景观小品手绘（作者：郑楠），主体突出，主体和背景的关系拿捏得十分得当

（三）电脑效果图

电脑效果图是当前环境艺术设计行业中运用最广泛、最流行的设计表现方式。因其表达效果较真实，因而无论是专业人士还是项目的业主或投资商以及其他非业内人士，都能够通过效果图的模拟场景想象到未来的真实环境。但是，当前的电脑效果图也趋于细化，有的倾向于尽可能地展现一个真实的环境空间场景，对场景中任何细节都力求真实再现（图6-39），有的则更倾向于用较为概念和抽象化的效果。设计者可根据不同的需要来选择不同的方式。例如，在家装项目设计中，所面对的业主大多不是从事设计的业内人士，而且十分关注自己未来的"家"是什么样子，这种情况下采用真实性较强的效果图更适合他们了解设计的最终效果（图6-40）。而有的电脑效果图，采用概念性、模型化的表现形式则更能充分表达出设计者对环境、建筑、空间的本质的思考和设计意向（图6-41 ~ 图6-43）。

图6-39 某SPA室内空间电脑效果图，对整个空间的渲染非常到位，突出了该空间的功能特点

图6-40 某住宅卫生间电脑效果图，注重表达出空间层次，家具及灯光效果表述很清晰

图6-41 某阅览室空间电脑效果图，重点突出，次要内容适当虚化

图 6-42 某领导办公室电脑效果图，较直接地反映出办公室的设计和布置

图 6-43 某交通枢纽公共空间电脑效果图，着重突出大空间的空间感，同时顶面、地面等设计也表达清晰

（四）施工图

无论是草图还是效果图都是方案阶段的表达方式，要进一步深化设计并将方案转化成直接指导施工的图纸，就需要设计师具备绘制施工图的能力。

准确地说，施工图绘制是从项目的初期一直延续到项目施工完成的技术性工作。如果说设计草图或效果图可以带有一定的艺术性，其线条、笔触、构图、色调可以在一定程度上反映设计师的绘画功底和艺术修养，那么施工图则强调准确性和规范性。从图幅尺寸、版式、线条类型到标注方式、图例符号等都必须严格遵守制图规范，不能随意发挥和臆造。目前施工图基本上都是用电脑来绘制。图 6-44~图 6-46 为浙江某五星级酒店一层茶餐厅平面、立面施工图纸，从中可以看出，施工图在设计表达中的重要作用——建筑工人将严格按照设计人员所绘制的施工图纸来进行施工。因此工程每一个细节的位置、尺寸、颜色、材料、施工工艺都要在施工图上绘制出来。

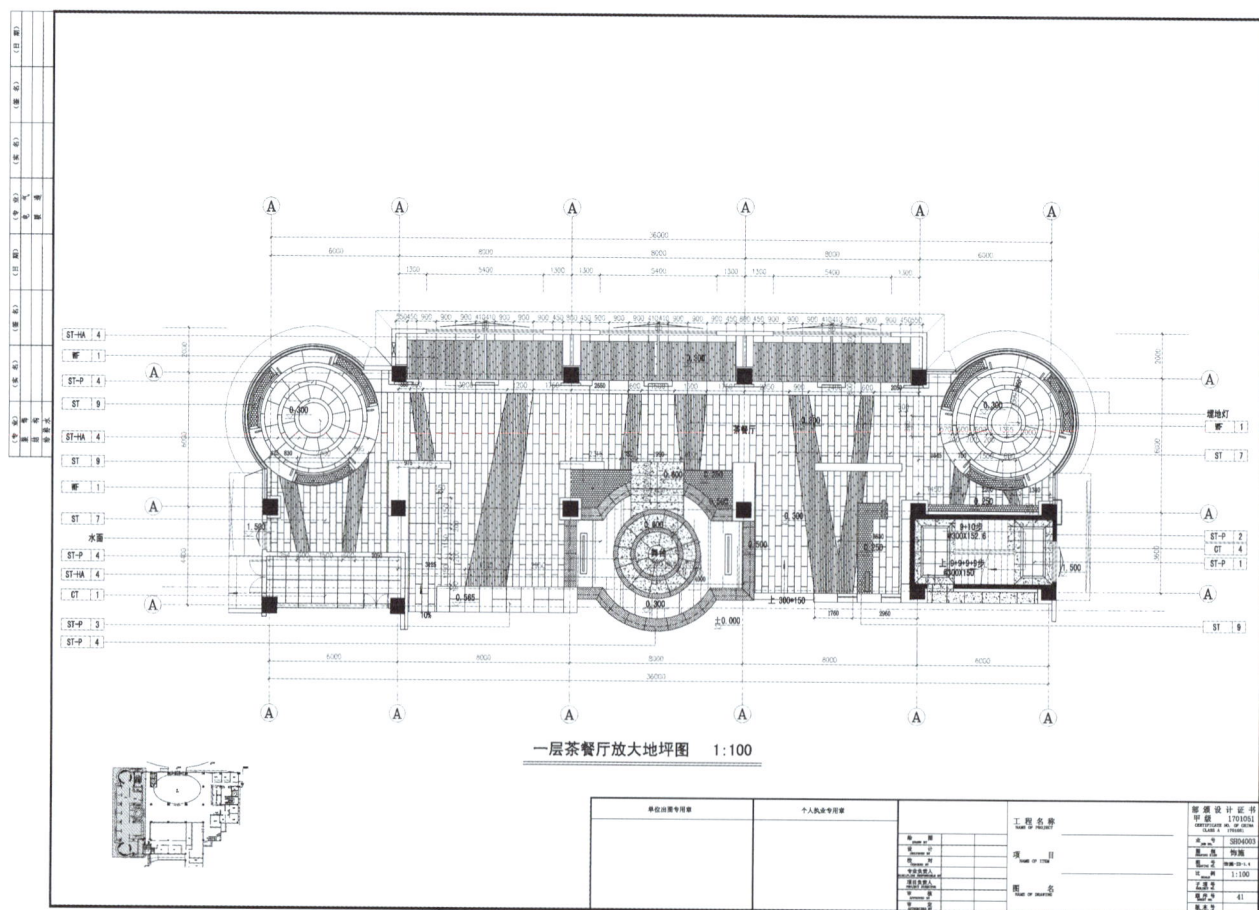

图 6-44 某酒店一层茶餐厅平面图

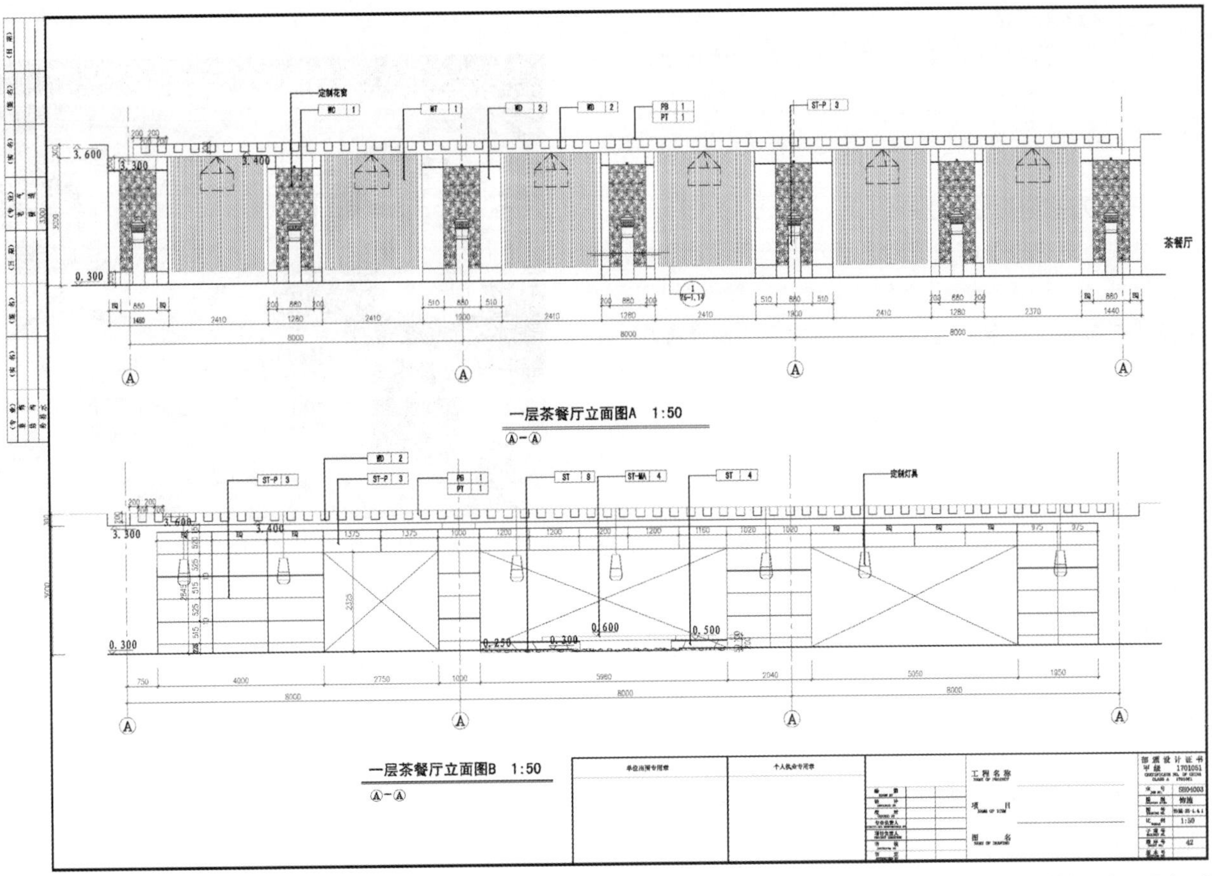

图 6-45　某酒店一层茶餐厅立面图（一）

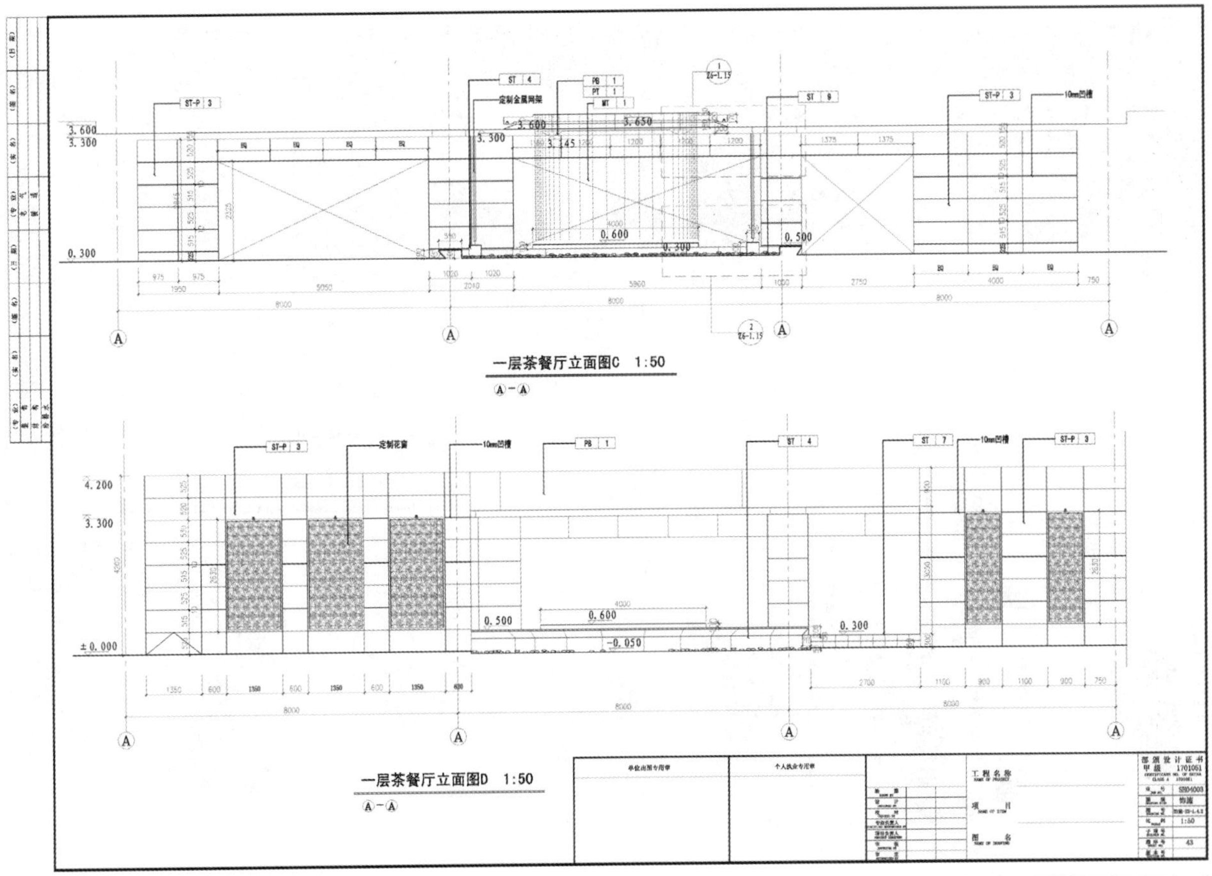

图 6-46　某酒店一层茶餐厅立面图（二）

二、模型表达

这里所说的模型是指环境艺术设计的实体模型，因其具备直观性、实体性、可触摸性、真实性等表现优势，在建筑设计、城市规划、环境艺术设计等专业领域中被广泛使用。

（一）方案研究性模型

方案研究性模型的主要用途是分析研究设计方案，表现设计成果。环境艺术设计有很强的"过程性"，不同阶段设计任务各有侧重。由此，可以将方案研究性模型的制作分为以下两个阶段。

在构思阶段，模型可以没有任何具体的形态，只有几个或若干个点、线、面、体所组合成的构成关系。这一阶段的模型可以是对总体环境布局的整体规划，可以是对建筑形态的粗略塑造，也可以是对若干个建筑之间空间位置关系的推敲，还可以是室内环境中的整体空间形态研究。制作模型的主要任务是建立和推敲方案的整体关系，对于环境景观中的节点、建筑立面上的细节、室内空间中的细部都可以暂时忽略（图6-47和图6-48）。

当设计方案的整体关系基本确定后，方案需要进一步深入，这一阶段的方案研究性模型表现时也需要跟随着设计的进程，用三维的实体形式表现设计方案，以便对设计方案进行分析（图6-49）。

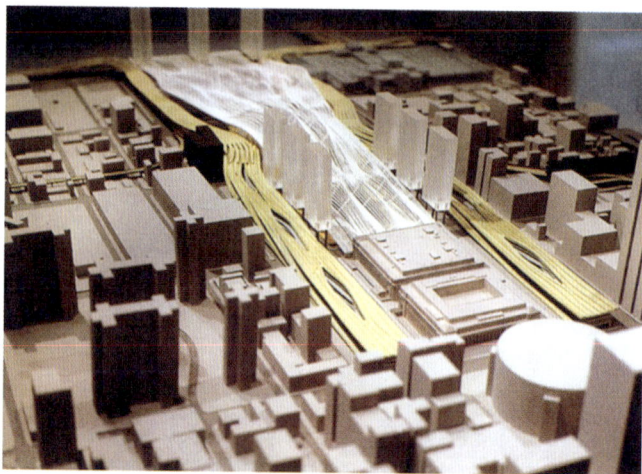

图6-47　研究初期模型，多以概念性的体块来表达设计概念，便于推敲方案

图6-48　方案深化模型，将需要深化的内容细致刻画，其他部分均可简化处理

图6-49　进一步深化的建筑环境模型，可以将环境表现得尽可能详细，这类模型多采用机器切割的方式加工

（二）展示性模型

展示性模型一般用于商业展示或者展览会（房产会）上，这一类环境艺术模型主要的目的是将环境艺术设计通过三维实体模型用十分直观的、具有一定艺术性的形式展现出来，尽可能真实地展示出设计的最终结果。这类模型需要注重场景中的每一个细节，从整体的规划到建筑立面造型，从场地的地形起伏到绿化水体，甚至于汽车、灯柱等配景，都尽可能做到形象逼真。有些展示模型还利用灯光、声效等手段进一步增强表现力（图 6-50 和图 6-51）。

三、文字表达

文字说明在设计中的作用是解释设计方案，就是将设计理念、功能设置、设备概况等诸多不能完全在图面上表达清楚的内容用文字的形式阐述清楚。文字表达主要包括以下三个方面。

（一）设计理念及构思的表达

设计理念往往是一个设计方案的灵魂和精髓，通常很难通过效果图表达清楚。而文字说明刚好可以弥补图纸的不足，通过精心组织的文字可以清晰地阐述设计理念和构思，使他人更好地理解设计者对该项目的设计意图。

实例：北京某连锁主题酒店整体环境策划思路

该酒店在北京等国内大城市已有并有计划再做若干家连锁酒店。酒店定位高端，有较高的价位和良好的就餐环境。此次改造是对原有几家连锁店进行室内设计改造。同时，根据业主要求，将在其他大中城市陆续再增加连锁酒店。该酒店以经营湘鄂菜为主。

基于酒店的连锁性质、高端定位以及当前酒店推广文化主题的大背景，在对市场进行了充分调研和深入分析后，对酒店做了以下概念性的整体环境策划：

一个主题——植物

一条主线——色、香、味、形、意

一项主旨——凸显空间意境

一种文化——荆楚文化的现代演绎

每一种"花"或"树木"都有自己的色、香、味、形、意，正如酒店的烹饪中讲究菜品的色、香、味、形、意一样，这很容易让人们在植物的特征与菜品的特征之间建立自然的联系。该连锁酒店整体环境的策划以"荷、菊、兰、柳、梅、松、竹、桂花、银杏、喇叭、水稻、麦子"等植物为主题，

图 6-50　展示模型，目的是直观地展示项目未来的环境效果或对项目起　图 6-51　展示模型的制作要求较高，注重对整体环境的表现和细节的刻画
到宣传作用

每个连锁店确定一种植物为元素创作其店名、广告语、环境艺术、特色服务、招牌菜品等系列形象，并将创作一句优美而上口的广告语将这些植物连缀起来，使湘鄂情这家酒店的字号更易唤起人们形象的记忆。

例如：以"竹"为主题的分店将"竹"作为主线，贯穿于空间色彩、设计元素、内部陈设、服装、菜品等元素中，能让客人充分体会到"竹"的文化和意味。

1. 易于识别的视觉形象

在酒店的室内设计中设计师将运用"竹"的黄、绿为基调设计空间色调，并选用真实的竹作为装饰元素，让客人进入酒店仿佛进入了《卧虎藏龙》《十面埋伏》和《夜宴》中竹海的意境；另一方面，提取竹的元素加以简化抽象，赋予其现代而时尚的视觉感受。

2. 可亲身体验的特色服务

"竹"店将提供的特色化服务是指在统一的、标准化的星级服务水平的基础上融入竹文化的特色。例如，服务生的着装都饰以竹的图案和色彩；服务用语中加入与竹相关的美好的、祝福的词句，让食客在自用或宴请宾客的时候都觉得体面而心情舒畅，从而提升酒店的文化内涵，彰显服务特色。

3. 凸显主题文化的环境艺术

酒店的室内外环境设计都将致力于突出"竹"文化这一主题，设计师将精心布置诸多描写竹的绘画、诗词、书法、摄影等陈设品，运用带有"荆楚文化"特色的装饰风格渲染空间气氛。让客人在享受美食的同时，还能品味清新、雅致的"竹"文化，获得身心的放松。

4. 令人流连的创意美食

在"竹"店菜品的策划中，在设计好各类美食的同时，要推出几个体现"竹"文化的特色菜品。作为"竹"店的招牌菜，不仅色香味俱佳，还应有一个意义深远的名字，服务员上菜时再诵读一句与其相配的诗词，定会使客人的兴致得到升华。美食还需美器，酒店将用各色竹制的餐具、器皿盛放食品，既环保又有乡土气息和地域特色。

（二）设计方案的说明

主要是通过简洁的文字清晰、明确地阐明项目的概况、设计内容、设计手法、技术性措施、材料设备、指标控制、造价估算等内容，是对整套方案的概括性说明。设计说明能帮助人们更好地阅读图纸，理解设计者的设计思路。

（三）设计感受的抒发

环境艺术设计是一项理性与感性交织、科学与艺术交融的创造性的工作。设计师在创作过程中既要进行严谨的分析、缜密的思考，也会投入个人的情感、对生活的感悟和对艺术的理解。同时，环境艺术设计是一项系统工程，需要专业之间、部门之间和设计人员之间的密切配合，在这一过程中也会发生许多令人感慨的事情。因此很多设计师在完成一个项目后都会记录下项目过程中的点滴感受，在设计文本中抒发一下自己的体会。尽管记录这些感受不是设计文件所必须的，更不是环境艺术设计师必须掌握的，但从中我们也可以从另一种角度去了解设计的全过程，理解设计的本质。

四、口语表达

口语表达在环境艺术设计中，虽然不算是一个最主要的内容，但在现代设计行业竞争中，当同等水准的设计方案呈现在业主面前时，谁更能够把自己的设计理念和设计创新点清楚而流畅地表达给业主，谁能够让业主在最短的时间内理解到自己设计方案的优势所在，谁就更有可能在竞争中获胜，由此可见口语表达的重要性。然而目前的诸多环境艺术设计相关教材中却很少涉及这方面的内容。在此将按照表达的场合和形式的不同，分别对其进行讲解。

（一）提案

1. 树立自信

信心是心智的催化剂，它可以转化成"无穷的智慧"。人可以在强有力的自信心驱策下，把自己提升到无限的高峰。生活中需要信心，工作中更需要信心。设计工作者在进行项目的提案时，更加需要充足的信心，相信自己的专业性和人格魅力，树立成功的信念。

2. 充分准备

正如我们经常所说的，机会总是垂青有准备的人。在进行正式的提案之前，需要在以下几个方面做好充足的准备。

1）要尽可能充分了解你的听众。包括接受提案的客户、到场的评审专家和其他对提案感兴趣的听众；了解内容包括他们的人数、年龄、性别、身份、受教育程度、到会的目的、专业知识水平、主要关注点可能在哪里、所用的语言、对决策的影响力如何等。这将决定你用一种什么样的方式来进行提案表达。

2）要做到对提案中的每一个细节烂熟于胸，要选择、制作最有效的视听辅助物，充分准备好所需的数据、列表、图纸、展板等材料，并按照介绍的顺序排列好材料顺序，避免在讲解时手忙脚乱，出现纰漏。

3）精心组织要讲解的内容，注意语言的逻辑性和条理性。

4）在条件允许的情况下，最好能根据自己的需要安排提案的场所，在一个熟悉的环境中有助于放松心情，发挥水平。

5）充分调动团队的力量。提案的好坏直接影响到客户对团队整体能力的判断，因此在准备阶段每个成员都有责任和义务把工作做到万无一失，因为任何一个微小的状况也都可能引起提案者的心理波动，造成提案失败。

3. 过程

提案的过程是一个很严肃的过程，在这个过程中所说出的每一句话都需要经过斟酌，不能像在台下沟通时那样随意。在提案的过程中，要直奔主题，语言简洁，切忌东拉西扯，缺乏重点。提案人要熟知提案的每一项内容和所有资料的出处，尽管提案时不一定要逐一解释，但这样做有助于增强自信，从容应对各种提问。在提案过程中，切记不要提出自己专业上不能保证的承诺或建议，以免使自己陷入被动局面。还需要注意的是，提案时吐字要清晰，要能准确地表达出自己的意思，避免产生歧义的词句和表达方式。随时关注听众的反映，随机应变，对听众关注的内容应当着重说明和解释，而对于一些细枝末节则可以一笔带过。

4. 注意细节

提案中的很多细节都会对提案的效果产生影响。首先，着装要得体。提案人是设计团队的代表，他的形象直接影响业主和专家团对整个团队的印象。因此提案者的着装应简洁大方，端庄得体，传达给客户一种稳重的、可以信赖的、经验丰富的印象。第二，注重礼节。一个有礼貌、讲究礼节的人会让人觉得有修养，更容易让客户产生尊重和信任感。第三，注意说话时的语速。在提案中，语速过快，容易造成业主跟不上说话的进度，不易理解提案人要表达的思想。语言速度过快，还容易让人怀疑提案人是否过于紧张或是对项目不够熟悉，这都是对项目成功提案不利的因素。

（二）与客户交流方案

设计者与业主（投资者、使用者）之间的有效沟通对于设计工作的顺利、有效进行是很重要的。从设计前期调查到后期施工的整个过程都是业主和设计师在不断交流和沟通中一步步完善方案的过程。这种交流有别于正规场合下的提案，而是贯穿整个项目设计过程中，形式也比较自由。

在与客户进行设计各阶段的沟通时，沟通者也要时刻牢记，自己所代表的是团队的利益和团队形象。在沟通时，要注意把握以下几个重要的因素。

　　首先，得到客户对"你"的信任。这里所说的信任不仅仅是通过某种技巧来达到，而是在做人和做事的原则上让客户感觉到与此人沟通是可以信赖的。

　　其次，充分体现专业性。当今社会，分工越来越细，每一个专业都力求在自己的领域中体现出专业化。环境艺术设计行业对技术和艺术水平的要求都很高，在操作设计项目的过程中，对设计师的要求也十分高。任何一家投资者或使用者都希望有专业的机构或个人来操作自己的项目。因此，在与客户沟通项目设计方案和相关事务时，要体现出设计师的专业性，这种专业性对于促成项目合作、项目顺利进行都至关重要。当然，一个设计者专业素养的好坏，不只是通过好的沟通能力和沟通技巧来达到的，而是在长期的工作和学习中积累和锻炼的。

参考文献

1. 刘丹. 世界建筑艺术之旅［M］. 北京：中国建筑工业出版社，2004.

2. 吴家骅. 环境设计史纲［M］. 重庆：重庆大学出版社，2002.

3. 林玉莲，等. 环境心理学［M］. 北京：中国建筑工业出版社，2000.

4. 闫力. 历史主义建筑［M］. 天津：天津大学出版社，2004.

5. 赵劲松. 英雄主义建筑［M］. 天津：天津大学出版社，2004.

6. 汪江华. 形式主义建筑［M］. 天津：天津大学出版社，2004.

7. 易涛. 中国民居传统文化［M］. 成都：四川人民出版社，2005

8. 沈玉麟. 外国城市建设史［M］. 北京：中国建筑工业出版社，1989.

9. 王其亨. 风水理论研究［M］. 天津：天津大学出版社，1992.

10. 邹德侬，等. 印度现代建筑［M］. 郑州：河南科学技术出版社，2003.

11. 来增祥，等. 室内设计原理［M］. 北京：中国建筑工业出版社，2004.

12. 刘盛璜. 人体工程学与室内设计. 北京：中国建筑工业出版社，1997.

13. 徐磊青，等. 环境心理学［M］. 上海：同济大学出版社，2002.

14. 张绮曼，等. 室内设计资料集［M］. 北京：中国建筑工业出版社，1998.

15. 吴剑锋，等. 室内与环境设计实训. 上海：东方出版中心，2008.

16. 室内设计年鉴编委会. 2006室内设计年鉴［M］. 西宁：青海科学技术出版社，
    2006.

17. 郝卫国. 环境艺术设计概论［M］. 北京：中国建筑工业出版社，2006.

18. 娄永琪，等. 环境设计［M］. 北京：高等教育出版社，2008.

19. 吕永中，等. 室内设计原理与实践［M］. 北京：高等教育出版社，2008.

20. 霍维国，等. 室内设计教程［M］. 北京：机械工业出版社，2007.

21. 李砚祖，等. 环境艺术设计［M］. 北京：中国人民大学出版社，2005.

22. 罗伯特·杜歇. 风格的特征［M］. 司徒双，完永祥，译. 北京：三联书店出版社，
    2004.

23. Marilyn Stokstad. ART HISTORY［M］. New York: Harry N. Abrams,Inc., 1995.

24. 陈飞虎. 环境艺术设计概论［M］. 长沙：湖南美术出版社，2003.

25. ［英］杰里米·迈尔森. 国际室内设计［M］. 薛林，等译. 沈阳：辽宁科学技术
    出版社，2001.

26. ［德］德国室内建筑师协会. 最新德国室内设计［M］. 福州：福建科学技术出版
    社，2004.

27. ［美］Anna Kasabian. 室内的色彩［M］. 景璟，等译. 济南：山东科学技术出版社，2003.

28. 产业，等. 咖啡店与西餐厅空间设计［M］. 北京：中国计划出版社，2005.

29. 黄艳. 环境艺术设计概论［M］. 北京：清华大学出版社，2005.

30. 《建筑设计资料集》编委会. 建筑设计资料集［M］（第二版）. 北京：中国建筑工业出版社，1994.

31. ［韩］建筑世界出版社. 商务［M］. 邓庆垣，等译. 济南：山东科学技术出版社，2004.

32. 产业，等. 欧洲的客厅［M］. 北京：中国计划出版社，2005.

33. ［美］卢安·尼森，雷·福克纳，萨拉·福克纳. 美国室内设计通用教材（上册）［M］. 上海：上海人民美术出版社，2002.

34. 高祥生. 室内陈设设计［M］. 南京：江苏科学技术出版社，2004.

35. 余平，等. 中小空间室内设计创意［M］. 福州：福建科学技术出版社，2005.

36. 金霭，等. SPA 空间设计［M］. 沈阳：辽宁科学技术出版社，2004.

37. 王晓俊. 风景园林设计（增订本）［M］. 南京：江苏科学技术出版社，2000.

38. 孙明. 城市园林［M］. 天津：天津大学出版社，2007.

39. 彭一刚. 中国古典园林分析［M］. 北京：中国建筑工业出版社，2005.

40. 郑曙旸. 景观设计［M］. 杭州：中国美术学院出版社，2002.

41. 樋口正一郎. 巴塞罗那的环境艺术［M］. 苍峰，等译. 大连：大连理工大学出版社，2002.

42. 王向荣，等. 西方现代景观设计的理论与实践［M］. 北京：中国建筑工业出版社，2002.

43. 张祖刚. 世界园林发展概论［M］. 北京：中国建筑工业出版社，2003.

44. 冯炜，等. 现代景观设计教程［M］. 杭州：中国美术学院出版社，2002.

45. 夏慧. 园林艺术［M］. 北京：中国建材工业出版社，2007.

46. 蔡如，等. 植物景观设计［M］. 昆明：云南科技出版社，2005.

47. 孙以栋，等. 景观铺地工程［M］. 北京：中国建筑工业出版社，2006.

48. 刘滨谊. 现代景观规划设计（第 2 版）［M］. 南京：东南大学出版社，2005.

49. 于冰，等. 当代欧洲城市环境［M］. 天津：天津大学出版社，2004.

50. 台湾建筑报道杂志社. 世界景观大全 2［M］. 台湾建筑报道杂志社，2001.

51. 台湾建筑报道杂志社. 世界景观大全 3 [M]. 台湾建筑报道杂志社, 2001.

52. [西班牙] 弗朗西斯科·阿森西奥·切沃. 城市公园 [M]. 龚恺, 等译. 南京：江苏科学技术出版社, 2002.

53. [西班牙] 弗朗西斯科·阿森西奥·切沃. 商务园林与屋顶花园 [M]. 吴锦绣译. 南京：江苏科学技术出版社, 2002.

54. [西班牙] 弗朗西斯科·阿森西奥·切沃. 景观元素 [M]. 陈静译. 昆明：云南科技出版社, 2002.

55. 林辉, 等. 环境空间设计艺术 [M]. 武汉：武汉理工大学出版社, 2005.

56. 景观设计 No. 6 [J]. 2004.

57. 陈六汀, 等. 景观艺术设计 [M]. 北京：中国纺织出版社, 2004.

58. 刘晓明, 等. 公共绿地景观设计 [M]. 北京：中国建筑工业出版社, 2003.

59. [丹麦] 扬·盖尔, 拉尔斯·吉母松. 公共空间·公共生活 [M]. 汤羽扬, 等译. 北京：中国建筑工业出版社, 2003.

60. [丹麦] 扬·盖尔. 交往与空间 [M]. 何人可译. 北京：中国建筑工业出版社, 1992.

61. [日] 小原二郎. 实用人体工程学 [M]. 康明瑶, 等译. 上海：复旦大学出版社, 1991.

62. 冯信群, 等. 公共环境设施设计 [M]. 上海：东华大学出版社, 2006.

63. 陈维信. 环境设施设计方案 [M]. 南京：江苏美术出版社, 1998.

64. 过伟敏, 等. 城市景观形象的视觉设计 [M]. 南京：东南大学出版社, 2005.

65. 都伟. 公共设施 [M]. 北京：机械工业出版社, 2006.

66. 北京照明协会、北京市政管理委员会. 城市夜景照明 [M]. 北京：中国电力出版社, 2004.

67. 鲍诗度, 等. 环境标识导向系统设计 [M]. 北京：中国建筑工业出版社, 2007.

68. 曹瑞忻. 城市公共环境设施的设计理念 [J]. 广州大学学报：综合版, 2000, (12)：23 - 27

69. 赵云川, 等. 公共环境标识设计 [M]. 北京：中国纺织出版社, 2004.

70. 彭军, 等. 欧洲·日本公共环境景观 [M]. 北京：中国水利水电出版社, 2005.

71. 漆德琰. 澳大利亚环境艺术设计 [M]. 南京：东南大学出版社, 2003.

72. 田学哲. 建筑初步 [M]. 北京：建筑工业出版社, 1980.

73. ［美］保罗·拉索著. 图解思考［M］. 邱贤丰等译. 北京：建筑工业出版社，2002.

74. 彭一刚. 建筑空间组合论［M］. 北京：建筑工业出版社，1983.

75. 王建国. 安藤忠雄［M］. 北京：建筑工业出版社，1999.

76. 周立军. 建筑设计基础［M］. 哈尔滨：哈尔滨工业大学出版社，2003.

77. 郎世奇. 建筑模型设计与制作［M］. 北京：建筑工业出版社，2006.

78. 刘旭. 图解室内设计分析［M］. 北京：建筑工业出版社，2007.

79. 陈志春. 大师草图［M］. 北京：中国电力出版社，2005.

80. 陆地. 建筑的生与死—历史性建筑再利用研究［M］. 南京：东南大学出版社，2004.

81. 夏南凯，等. 园林设计方案［M］. 合肥：安徽美术出版社，2003.

82. 李东华. 高技术生态建筑［M］. 天津：天津大学出版社，2002.

83.《国际新景观》杂志社. 景观公共艺术［M］. 武汉：华中科技大学出版社，2007.

84. 章莉莉. 公共导向设计［M］. 上海：上海人民美术出版社，2011.

85. ［西］卡尔斯·布鲁托. 街具［M］. 王夏璐，高源，译. 苏州：江苏出版社，2012.

86. Paul Mcgillick. 25 Tropical Houses in Sigapore and Malaysia［M］. Periplus Private.Ltd. 2007.

87. Joseph Boschetti. Water Spaces of the World—Vol.4: A Pictorial Review［M］. Images Publishing Dist A/C, 2006.

88. Tim Richardson. The Vanguard Landscapes and Gardens of Matha Schwartz［M］. Thames & Hudson, 2004.

89.《Landscape Architecture》《Landscape Architecture China》相关各期.